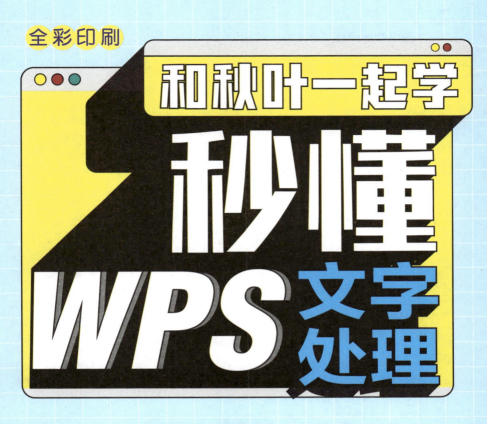

秋叶 刘晓阳 ◎ 编著

人民邮电出版社
北京

图书在版编目（CIP）数据

和秋叶一起学. 秒懂WPS文字处理 / 秋叶，刘晓阳编著. -- 北京：人民邮电出版社，2021.11
ISBN 978-7-115-57059-8

Ⅰ. ①和… Ⅱ. ①秋… ②刘… Ⅲ. ①文字处理系统 Ⅳ. ①TP391

中国版本图书馆CIP数据核字(2021)第167485号

内 容 提 要

如何从WPS文字处理新手成长为高手，快速解决职场中各种各样的文档操作难题，就是本书所要讲述的内容。

本书收录了生活和工作场景中的111个实用WPS文字处理技巧，配有详细的图文操作说明、清晰的使用场景说明及配套练习与视频演示，能够全方位展示WPS文字软件的各项功能操作，帮助读者结合实际应用，高效使用软件，快速解决问题。

本书充分考虑初学者的知识水平，语言通俗易懂，内容从易到难，能让初学者轻松理解各个知识点，快速掌握职场必备技能。本书大部分案例来源于真实职场，职场新人系统地阅读本书，可以节约在网上搜索答案的时间，提高工作效率。

◆ 编　著　秋　叶　刘晓阳
　　责任编辑　李永涛
　　责任印制　王　郁　彭志环

◆ 人民邮电出版社出版发行　北京市丰台区成寿寺路11号
　邮编　100164　电子邮件　315@ptpress.com.cn
　网址　https://www.ptpress.com.cn
　涿州市般润文化传播有限公司印刷

◆ 开本：880×1230　1/32
　印张：5.125　　　　　　　2021年11月第1版
　字数：136千字　　　　　　2024年8月河北第16次印刷

定价：49.90元

读者服务热线：(010)81055410　印装质量热线：(010)81055316
反盗版热线：(010)81055315
广告经营许可证：京东市监广登字 20170147 号

目 录
CONTENTS

▶▶ 绪论

▶▶ 第 1 章　WPS 文字软件基础　/ 003

1.1　WPS Office 软件基础用法　/ 004

01　去哪儿下载正版的 WPS Office 软件？　/ 004
02　安装 WPS Office 软件有哪些注意事项？　/ 005
03　如何设置 WPS Office 为默认的办公软件？　/ 006
04　如何关闭 WPS Office 的广告与弹窗推送？　/ 008
05　如何切换 WPS Office 的整合模式和单组件模式？　/ 009
06　如何在 WPS Office 中找到高质量的免费模板？　/ 011
07　文件带来带去太麻烦，如何开启云文档同步？　/ 012

1.2　文档的快捷操作　/ 014

01　如何快速启动常用的软件功能？　/ 014
02　操作失误时，如何撤销之前的操作？　/ 015
03　如何利用【Alt】键提高工作效率？　/ 015
04　如何提高软件的可撤销操作次数？　/ 016

1.3　内容的选择定位　/ 017

01　文档中图片太多，如何快速找到文档中的图片？　/ 017
02　拖曳选择太慢了，怎样快速选中整个段落？　/ 018
03　文字前缀太碍眼，怎样竖向选中进行删除？　/ 019

第 2 章　文档的页面设置　/ 020

01　文档尺寸不合适，怎样调整纸张大小？　/ 021
02　文档竖向无法显示完整，怎样让页面横向显示？　/ 021
03　省纸又环保，怎样设置文档左右分栏？　/ 022
04　高级防泄露，如何设置奇偶页不同的文本水印？　/ 023
05　如何用 WPS 给文档制作一个封面？　/ 025

第 3 章　文档内容输入　/ 026

3.1　文本的插入与调整　/ 027

01　为什么在文档中输入一个字，后面的字会消失？　/ 027
02　计量单位的输入，如何实现数字的上下标？　/ 027
03　有生僻字不认识，如何给文字添加拼音？　/ 028
04　输入英文和数字，间距突然变得很大怎么办？　/ 029
05　怎么去掉文字中的红色波浪线？　/ 030
06　如何快速将阿拉伯数字金额改成中文大写金额的
　　 会计专用格式？　/ 031

3.2　特殊内容的插入　/ 032

01　制作问卷时，如何在文档中制作自动打钩选择框？　/ 032
02　制作问卷时，如何在文档中设置下拉列表快速填充？　/ 033
03　制作试卷时，如何在文档中输入复杂的数学公式？　/ 034
04　制作公司介绍时，如何制作复杂的组织结构图？　/ 036
05　如何在 WPS 文字中制作二维码、条形码？　/ 037

第 4 章　段落格式与样式 / 039

4.1　段落格式的设置 / 040

01　从网上复制的内容，粘贴后格式全乱了，怎么办？ / 040
02　如何快速换页？ / 040
03　不按空格键，如何实现文字内容的对齐？ / 041
04　如何清除换行后莫名奇妙出现的空白？ / 043
05　如何把长短不一的姓名两端对齐？ / 044
06　如何让致谢名单按姓氏笔画排序？ / 045
07　英文文献排序太乱，如何让它们按首字母进行排序？ / 046
08　更换字体之后，段落行距变大了怎么办？ / 047
09　不按空格键如何实现段落开头空两格的效果？ / 048
10　重复设置效率太低，如何将格式复制给其他段落？ / 048

4.2　段落样式的设置 / 049

01　如何批量修改段落格式为统一格式？ / 049
02　每次写文档都要新建特定的样式，能否将它添加到模板？ / 050
03　应用样式只能鼠标单击？能不能设置快捷键？ / 051
04　如何让每个章节都自动出现在新的一页？ / 052
05　样式功能区中没有"标题"样式是怎么回事？ / 054
06　应用样式后，标题前后的黑点怎么才能去掉？ / 054

第 5 章　文档的段落编号 / 056

5.1　项目符号与编号 / 057

01　段落序号有要求，如何让段落自动生成项目符号和序号？ / 057
02　软件内置的项目符号不喜欢，如何添加自定义项目符号和编号？ / 058

03　不希望继续前面的编号，如何让段落重新开始编号？　/ 060

04　自动编号后，序号和文字间距太大了，该怎么调整？　/ 061

5.2　长文档的多级编号　/ 062

01　编写多层级内容时，如何实现多级标题自动编号？　/ 062

02　内置的多级编号样式不符合需求，该如何自定义？　/ 063

03　自定义编号中的下级编号跟随上级编号变化怎么设置？　/ 065

▶▶ 第 6 章　文档中的图片与图形　/ 067

6.1　图片的插入与排版　/ 068

01　文档中的图片类型有很多，都有哪些区别呢？　/ 068

02　文档中图片对齐方式不统一，如何批量对齐所有的图片？　/ 070

03　如何将图片位置固定，不随文字移动？　/ 071

6.2　图片的美化与调整　/ 072

01　文件签字要电子版，如何把手写签名放到文档中？　/ 072

02　如何在 WPS 文字中实现证件照背景更换？　/ 073

03　插入图片后显示不完整，如何让其完整显示？　/ 075

04　文档中图片宽度不统一，如何批量统一图片宽度？　/ 076

05　图片形状和比例都不合适，如何将图片裁剪为正多边形？　/ 078

06　如何绘制正多边形和垂直 / 水平的线条？　/ 079

07　文档中无法正常框选元素，那么该如何快速选中元素？　/ 080

08　移动元素太麻烦了，怎样才能自由地移动元素呢？　/ 081

第 7 章　文档中的表格 / 082

7.1　表格的绘制与美化 / 083

01　纯文字信息，如何将它们转换为表格？/ 083
02　如何快速绘制斜线表头？/ 084
03　文档中的表格太长了，如何将它压缩在一页？/ 085
04　文档中的表格太宽，超出页面范围怎么办？/ 085

7.2　表格属性的调整 / 086

01　如何让表格中的文字紧挨着边框？/ 086
02　如何将文档表格复制到电子表格中不变形？/ 088
03　表格在换页的时候能否自动添加表头？/ 089
04　WPS 文字表格如何像 WPS 表格一样使用公式进行计算？/ 090
05　为什么表格中一插入图片，单元格就变形？/ 092
06　表格内一按【Enter】键就跳到下一页，该怎么解决？/ 094
07　表格后面多一页空白页删不掉怎么办？/ 095

第 8 章　文档的目录与题注 / 097

8.1　目录的生成与自定义 / 098

01　文档目录还在手打，WPS 文字可以自动生成目录吗？/ 098
02　如何设置自动生成目录的显示级别？/ 099
03　自动生成的目录样式和要求不同，怎么自定义修改？/ 100

8.2　题注的插入与交叉引用 / 100

01　一个个手打编号太麻烦，如何给图片和表格快速编号？/ 100
02　如何给文档中的图片 / 表格制作目录？/ 103
03　如何在文档中引用已经插入的图片？/ 104
04　科技论文必备，如何获取参考文献的正确格式？/ 104

第 9 章　文档的页眉、页脚与页码　/ 106

01　页眉总是出现横线还选不中，如何删除它？　/ 107
02　如何让页眉、页脚从第二页开始显示？　/ 108
03　如何设置奇数页和偶数页不同的页眉、页脚？　/ 109
04　如何让文档页眉自动显示所在章节标题？　/ 109
05　如何给文档设置两种不同的页码，如目录用 I、II、III，正文用 1、2、3？　/ 110
06　制作宣传册时，如何让一页纸上显示连续两个页码？　/ 112

第 10 章　文档的视图与审阅　/ 114

10.1　视图的选择与应用　/ 115

01　只想专心写作不被其他功能打扰，怎么设置？　/ 115
02　如何在文档左侧窗口中显示标题？　/ 115
03　如何设置多页同时显示？　/ 116

10.2　文档的审阅与限制编辑　/ 117

01　准备修改文档，如何记录修改痕迹？　/ 117
02　文档如何加密，只允许查看但不准修改？　/ 118
03　文档内容要修改，如何直接在文档中提出建议？　/ 119
04　如何快速找到两个版本文档的不同之处？　/ 120
05　标准合同制作，如何设置在指定区域输入内容？　/ 122

第 11 章　文档的打印输出　/ 124

01　不想浪费纸张，如何把文档设置为正反面打印？　/ 125
02　如何把多页文档缩放打印到一张 A4 纸上？　/ 125

03 如何让文档多页逐份打印？ / 126

04 明明设置了文档背景，但打印的时候却消失了，怎么办？ / 127

05 如何保证发给别人的文档排版效果不变？ / 128

▶▶第 12 章　WPS 文字高效办公技巧 / 130

12.1　WPS 文字的批量操作 / 131

01 不用复制、粘贴，如何批量合并多个文档？ / 131

02 如何批量去除文档中多余的空白和空行？ / 132

03 如何给文档中的手机号打码？ / 134

04 如何批量制作填空题下划线？ / 135

05 如何批量对齐选择题中的选项？ / 138

06 如何把文档中的图片批量提取出来？ / 142

12.2　WPS Office 软件间的协作 / 143

01 如何把文档转换成幻灯片？ / 143

02 如何让 WPS 文字和 WPS 表格中的数据保持同步更新？ / 144

03 如何用 WPS Office 实现活动邀请函批量制作？ / 146

04 如何用 WPS 批量制作员工工资条？ / 149

和秋叶一起学
秒懂 WPS 文字处理

绪 论

这是一本适合"碎片化"学习的职场技能图书。

市面上大多数的职场类书籍,内容偏学术化,不太适合职场新人"碎片化"学习。对于急需提高职场技能的职场新人而言,并没有很多的"整块"时间去阅读、思考、记笔记,他们更需要的是可以随用随查、快速解决问题的"字典型"办公技能书。

为了满足职场新人的办公需求,我们编写了本书,对职场人关心的痛点问题一一解答。希望能让读者无须投入过多的时间去思考、理解,翻开书就可以快速查阅,及时解决工作中遇到的问题,真正做到"秒懂"。

本书具有"开本小、内容新、效果好"的特点,紧紧围绕"让工作变得轻松高效"这一编写宗旨,根据职场新人 WPS 文字办公应用的"刚需"设计内容。本书在提供解决方案的同时还做到了全面体现软件的主要功能和技巧,让读者在解决问题的过程中,不仅要知其然,还要知其所以然。

因此,本书在撰写时遵循以下两个原则。

(1)内容实用。为了保证内容的实用性,书中所列的技巧大多来源于真实的需求场景,汇集了职场新人最为关心的问题。同时,为了让本书更实用,我们还查阅了抖音、快手上的各种热点和操作技巧,并择要收录。

(2)查阅方便。为了方便读者查阅,我们将收录的技巧分类整理,并以问答形式设计目录标题,既体现了知识点,又体现了其应用场景,使读者在看到标题的一瞬间就知道对应的知识点可以解决什么问题。

我们希望本书能够满足读者的"碎片化"学习需求,能够帮助读者及时解决工作中遇到的问题。

做一套图书就是打磨一套好的产品。希望秋叶系列图书能得到读者发自内心的喜爱及口碑推荐。

我们将精益求精,与读者一起进步。

最后,我们还为读者准备了一份惊喜!

使用微信扫描下方二维码,关注并回复关键词"WPS 文字",可以免费领取我们为本书读者量身定制的超值大礼包:

> 110 个配套操作视频
> 95 套实战练习案例文件
> 69 套各行业合同模板
> 16 套标准公文写作模板
> 100 套精美岗位简历模板
> 10 套多岗位年终总结报告范本
>
>
>
> 还等什么,赶快扫码领取吧!

和秋叶一起学
秒懂 WPS 文字处理

第 1 章
WPS 文字软件基础

WPS Office 是目前应用非常广泛的国产办公软件。"工欲善其事，必先利其器。"想要更好地使用 WPS 文字进行办公，成为职场达人，就必须先了解 WPS 文字的基础操作，本章将带你快速入门。

扫码回复关键词"WPS 文字"，观看同步视频课程

1.1　WPS Office 软件基础用法

> 本节内容包含 WPS Office 办公软件的安装、默认软件设置、模板搜索及云文档同步开启设置的基本操作。对于还不熟悉 WPS Office 软件的初学者来讲，这些内容的学习效果会影响初学者对本书后续内容的理解，请务必认真研读。

01　去哪儿下载正版的 WPS Office 软件？

想要学习软件使用，需要先下载安装正版软件。要注意网络上的资源鱼龙混杂，不要下载带有病毒的资源。哪里有安全的软件安装包可供下载呢？

1 在百度网中搜索并打开名为"WPS 官方网站"的网站。

2 在网站首页找到红色的"WPS Office"模块，单击【立即下载】按钮，在弹出的菜单中选择合适的版本进行下载。这里以"Windows 版"为例进行演示。

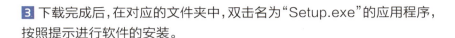

③ 下载完成后，在对应的文件夹中，双击名为"Setup.exe"的应用程序，按照提示进行软件的安装。

02 安装 WPS Office 软件有哪些注意事项？

在安装 WPS Office 的时候，有一些默认设置会影响后续的使用体验。有哪些问题需要我们注意呢？又该如何设置呢？

打开 WPS Office 安装程序之后，单击右下角的【自定义设置】按钮，展开自定义设置菜单。

安装的时候，计算机会将系统默认的办公软件修改为 WPS。如果用户希望保持原有的办公软件的默认设置，则需要取消勾选【兼容第三方系统和软件……】【关联 DOC、XLS、PPT 等文档格式】和【关联 PDF 文档格式】复选项。

WPS 具有强大的兼容性，安装时它也会自动关联 JPG/PNG 等图片格式、EPUB/MOBI 等电子书格式，默认使用 WPS 打开它们。如果希望这些文件延用原有的打开方式，则需要取消相关复选项的勾选。

软件默认安装路径为"C:\Program Files\WPS Office\"，若想更换安装路径，则需手动修改安装路径。

03 如何设置 WPS Office 为默认的办公软件？

如果在安装的时候没有将 WPS Office 设置为默认办公软件，后面想设置时该如何做呢？这里教大家两个方法。

方法 1：右键单击文件设置法

这里以电子表格为例，如果需要将电子表格的默认打开方式更改为 WPS Office，我们只需要进行以下操作。

① 右键单击任一电子表格文件，在弹出的菜单中选择【打开方式】-【选择其他应用】命令。

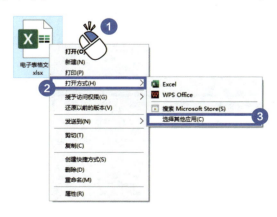

2 在弹出的对话框中选择【WPS Office】,勾选【始终使用此应用打开 .xlsx 文件】复选项,单击【确定】按钮完成设置。

方法 2:软件设置法

1 打开 WPS Office 软件后,单击【全局设置】按钮,在弹出的菜单中选择【设置】命令,在弹出的对话框中单击【文件格式关联】选项。

2 在弹出的【WPS Office 配置工具】对话框中，勾选【WPS Office 兼容第三方系统和软件】复选项，单击【确定】按钮完成设置。

04 如何关闭 WPS Office 的广告与弹窗推送？

WPS Office 功能丰富且强大，但是常常会推送或弹出广告和弹窗，有时会影响使用体验。我们可以自己手动关闭它们，下面就来学习如何关闭它们。

1 打开 WPS Office 软件后，在窗口右上方找到并单击【全局设置】按钮，在弹出的菜单中选择【配置和修复工具】命令。

第1章 · WPS 文字软件基础

2 在弹出的【WPS Office 综合修复/配置工具】对话框中单击【高级】按钮。

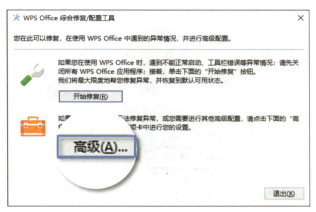

3 在弹出的【WPS Office 配置工具】对话框中,切换到【其他选项】选项卡,勾选下方的【关闭WPS热点】和【关闭广告弹窗推送】复选项,单击【确定】按钮,关闭所有对话框即可。

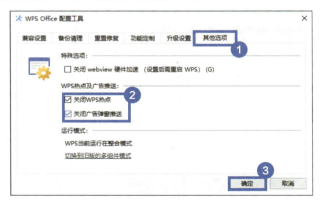

05 如何切换 WPS Office 的整合模式和单组件模式?

使用 WPS Office 2013/2016 版的老用户,可能已经习惯了 WPS Office 将 WPS 文字、WPS 表格、WPS 演示以单独的组件呈现的模式（多组件模式），安装了 WPS Office 2019 之后可能会不习惯将三者整合在一起的模式，那么该如何切换回多组件模式呢？本技巧教你解决。

1️⃣ 打开 WPS Office 软件后，在窗口右上方找到并单击【全局设置】按钮，在弹出的菜单中选择【配置和修复工具】命令。

2️⃣ 在弹出的【WPS Office 综合修复/配置工具】对话框中单击【高级】按钮。

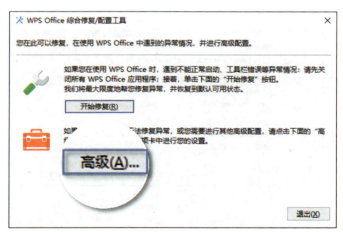

3️⃣ 在弹出的【WPS Office 配置工具】对话框中，切换到【其他选项】

第1章 · WPS 文字软件基础

选项卡,单击最下方的【切换到旧版的多组件模式】选项。

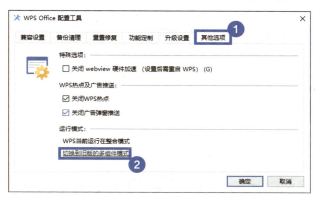

4 在弹出的对话框中选中【多组件模式】单选项后单击【确定】按钮即可。

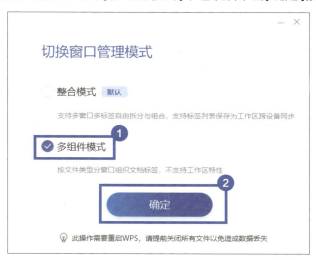

06 如何在 WPS Office 中找到高质量的免费模板?

遇到陌生的办公文档编辑任务,通常第一时间想到的就是看看网上有没有可以直接使用的模板,其实在 WPS Office 软件中就内置了一个丰富的模板库——稻壳儿。

011

打开 WPS Office 软件后，单击窗口上方的【WPS】标签，在搜索框中输入稻壳儿网的网址"www.docer.com"，按【Enter】键即可跳转访问稻壳儿网。

在页面的搜索框中输入所需模板的关键词，然后在筛选器中单击【免费模板】，可找到稻壳儿网中所有相关的免费模板。

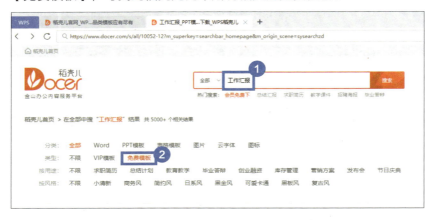

07 文件带来带去太麻烦，如何开启云文档同步？

工作中重要的文档需要在办公室、家、出差地点多处同步，即使随身携带 U 盘，还要担心 U 盘损坏无法打开。其实用 WPS 云文档同步功能就能轻松解决这个问题。

1 单击 WPS Office 左上角的【WPS】标签,然后,在下方功能区中单击【全局设置】按钮,在弹出的菜单中选择【设置】命令。

2 在弹出的对话框中打开【文档云同步】右侧的开关。

　　普通用户可以享有 1GB 的云空间,WPS 会员拥有 365GB 的云空间。用户开启文档后会自动同步至账号的云空间,只需在设备上登录相同账号即可打开之前同步过的文档。

1.2 文档的快捷操作

想要在速度上领先其他人,除了熟能生巧之外,WPS Office 中还有许多实用的快捷操作能够帮助我们提高文档处理速度。本节将介绍一些常用的快捷操作技巧。

01 如何快速启动常用的软件功能?

在软件使用过程中往往需要用到不同选项卡下的功能,如果每次都得到不同选项卡中单击选择,效率会很低。其实对于常用的功能按钮,我们可以把它们加入快速访问工具栏中。

快速访问工具栏一般位于软件功能区的上方或菜单栏的下方。

将常用功能添加到快速访问工具栏也很简单。

❶ 单击快速访问工具栏最右侧的下拉按钮,在菜单中选择【其他命令】命令。

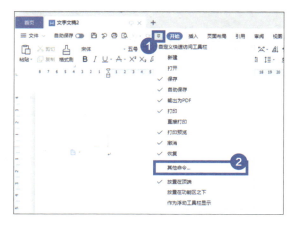

第 1 章 · WPS 文字软件基础

2 在弹出对话框的右侧界面中单击【常用命令】，可以在列表中单击选项来切换不同的选项卡。在下方的命令列表中单击选中命令，单击【添加】按钮，可将选中的命令添加至右侧快速访问工具栏。最后单击【确定】按钮，即可关闭对话框并完成命令的添加。

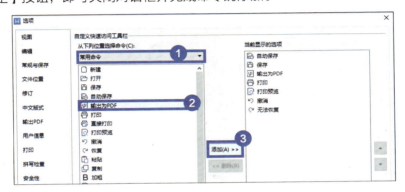

02 操作失误时，如何撤销之前的操作？

在 WPS Office 中操作失误时，只需按快捷组合键【Ctrl+Z】即可解决。

【Ctrl+Z】是 WPS Office 中一个通用的撤销上一步操作的快捷组合键。我们也可以在软件的快速访问工具栏中找到撤销操作的按钮。

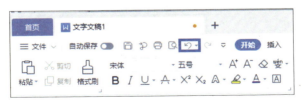

03 如何利用【Alt】键提高工作效率？

在 WPS Office 中比较常见的是和【Ctrl】键搭配的快捷组合键，但其实【Alt】键才是一个隐藏的万能快捷键搭配者，有了它，你可以不用鼠标，而仅用键盘就能使用软件中的很多功能。

打开 WPS Office 软件，新建一个文字文档，按一下【Alt】键，你会发现软件窗口中的菜单栏上出现了英文字母提示。

按照提示按键盘上的【N】键，软件就会自动切换到【插入】选项卡，同时【插入】选项卡的功能区中的各个功能按钮上也都出现了英文字母提示。

同理，按照提示按键盘上相应的字母按键就可以进行相应功能的操作。

以上就是【Alt】键最经典的用法，不用鼠标点选，以【Alt】键为入口就能使用 WPS Office 中的很多功能。

除此之外，【Ctrl】键搭配【Alt】键后又有新的功能，如下表所示。

Ctrl + Alt + C	快速插入版权符号 ©
Ctrl + Alt + V	打开选择性粘贴
Ctrl + Alt + R	快速插入注册商标 ®
Ctrl + Alt + F	快速插入脚注
Ctrl + Alt + D	快速插入尾注
Ctrl + Alt + Z	循环查看前四次修改

04 如何提高软件的可撤销操作次数？

在文档中做出修改之后，如果想回到前面某一个状态，就需要使用撤销功能。但软件默认的可撤销操作次数比较少，如果超出这个数量就没办法撤销了，该怎么办？其实我们可以增加 WPS Office 软件的可撤销操作次数。

1 打开 WPS 文字之后，单击菜单栏上的【文件】，在弹出的菜单中选择【选项】命令。

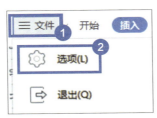

2 在弹出的对话框中切换到【编辑】，可以在右侧的面板中修改"撤销/恢复操作步数"的数值。WPS 文字中可设置的撤销/恢复操作步数的数值范围为 30 ~ 1024。

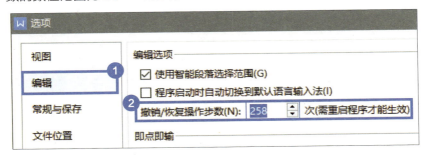

1.3 内容的选择定位

想要更好地对文档中的模块、元素进行编辑，必须得先找到它才可以。如何精准高效地定位是本节的重点内容，大家一定要认真学习。

01 文档中图片太多，如何快速找到文档中的图片？

一份长文档中，里面往往会使用很多图片，如果想要快速跳转到每一张图片所在的位置，除了不断滚动鼠标滚轮，还有一种方法可以帮助我们快速定位到目标图片。

在【视图】选项卡的功能区中单击【导航窗格】图标，打开导航窗格。在搜索框中输入"^g"，单击【查找】按钮，此时就可以在搜索结果中快速定位图片。

02 拖曳选择太慢了，怎样快速选中整个段落？

即使是不熟悉文档排版的人都知道如果想选中整个段落，直接单击鼠标从开头拖曳到结尾处就可以实现。其实 WPS 文字中隐藏了不用拖曳就可以实现的操作。

技巧 1：选中整个段落

将鼠标光标定位在段落中，单击左键三次，即可选中整个段落。

技巧 2：选中词语

将鼠标光标定位在词语前，双击左键即可选中词语。

技巧 3：选中整行文字

将鼠标指针移动至文字左侧，当指针指向右侧，单击即可选中整行文字。

第 1 章 · WPS 文字软件基础

视频提供了功能强大的方法帮助您证明您的观点。当您单击联机视频时,可以在想要添加的视频的嵌入代码中进行粘贴。您也可以键入一个关键字以联机搜索最适合您的文档的视频。

03 文字前缀太碍眼,怎样竖向选中进行删除?

手动编号无法自动更新,调整起来非常麻烦,而在 WPS 文字中就有一种特殊的选择方式,可以竖向选中删除某些垂直方向的内容。

按住【Alt】键,将光标移动到内容前。按下鼠标左键后向右下角拖曳快速选中竖向内容,按【Delete】键即可删除内容。

019

和秋叶一起学 秒懂 WPS 文字处理

第 2 章
文档的页面设置

在利用 WPS 文字进行文档排版的时候，文档的页面设置直接影响了文档的排版布局，所以在熟悉了 WPS 文字的基础操作之后，需要重点学习页面设置。本章主要介绍两部分内容，一部分是页面布局设置，另一部分是页面的个性化设置。

扫码回复关键词"WPS 文字"，观看同步视频课程

01 文档尺寸不合适,怎样调整纸张大小?

WPS 文字文档默认的纸张大小是 A4,但不是所有的文档都要呈现在 A4 纸上。假如需要用 A3 纸张放置图纸,该如何调整文档的纸张大小呢?

此处以修改为 A3 尺寸为例。

单击【页面布局】选项卡,在功能区中单击【纸张大小】图标,在弹出的菜单中找到并选择【A3】命令,即可完成纸张从 A4 尺寸到 A3 尺寸的修改。

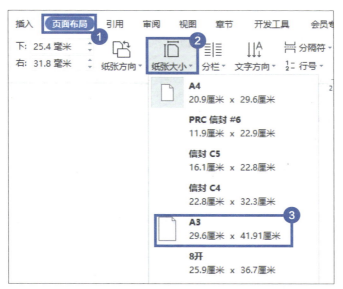

02 文档竖向无法显示完整,怎样让页面横向显示?

在文档中有时需要呈现横向的表格或图片,但是默认竖向的页面无法完整显示,缩小图片尺寸只会让图片显示不清,其实在 WPS 文字中是可以让页面方向变为横向的。

单击【页面布局】选项卡，在功能区中单击【纸张方向】图标，在弹出的菜单中选择【横向】命令即可。

03 省纸又环保，怎样设置文档左右分栏？

常见的报纸、杂志的双栏排版看上去更能节约纸张。如果想节约纸张，该如何在 WPS 文字中设置左右分栏效果呢？

1 单击【页面布局】选项卡，在功能区中单击【分栏】图标，在弹出的菜单中选择合适的分栏数量即可。

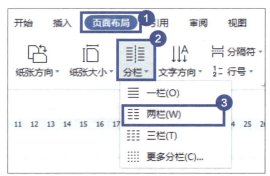

2 若预置的分栏效果达不到预期，可以在上一步选择【更多分栏】命令。在弹出的【分栏】对话框中手动调整分栏数量、栏间距及应用范围等。

第 2 章 · 文档的页面设置

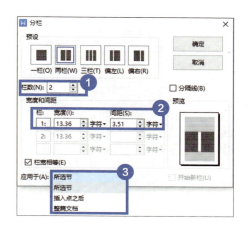

04　高级防泄露，如何设置奇偶页不同的文本水印？

在制作文档时，可能会遇到文档的奇数页和偶数页要用不同水印的需求，该如何满足该需求呢？

这里以在奇数页插入"保密"水印，在偶数页插入"紧急"水印为例。

1 在【插入】选项卡的功能区中单击【水印】图标，在弹出的菜单中选择【保密】命令，即可为文档设置"保密"的水印。

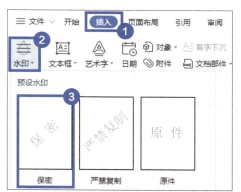

2 双击奇数页的页眉，进入页眉编辑状态，在【页眉页脚】选项卡的功能区中单击【页眉页脚选项】。

3 在弹出的对话框中勾选【奇偶页不同】复选项,单击【确定】按钮。

4 右键单击奇数页的水印,在弹出的菜单中选择【复制】命令。

5 将光标定位到偶数页页眉,使用快捷组合键【Ctrl+V】粘贴水印。

第 2 章 · 文档的页面设置

6 右键单击水印,在弹出的菜单中选择【编辑文字】命令。将水印文字修改为"紧急",单击【确定】按钮。

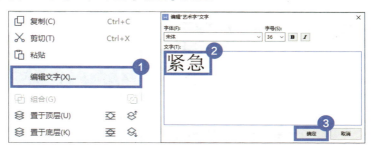

05 如何用 WPS 给文档制作一个封面?

项目策划书等长文档一般都会要求制作一个美观的封面,如何才能快速地制作一份好看的封面呢?

我们只需在【插入】选项卡中单击【封面页】图标,在弹出的【预设封面页】菜单中找到并选择合适的封面,最后根据需要修改封面中的内容即可。

025

和秋叶一起学 秒懂 WPS 文字处理

第 3 章
文档内容输入

在完成页面布局设置之后，接下来就要进行文档内容的输入了。在文档排版中最为基本的元素就是文字，本章内容主要涉及文本类内容的输入及相关的格式调整。

扫码回复关键词"WPS 文字"，观看同步视频课程

3.1 文本的插入与调整

文本是文档排版的基本元素,文本内容的输入和文本格式的调整是本节的重点学习内容。

01 为什么在文档中输入一个字,后面的字会消失?

只不过想修改文档里面的错误内容,没想到一输入文字,后面的文字就被"吞噬"掉了,这到底是怎么回事儿,应该怎么解决呢?

这其实是你不小心触碰了键盘上的【Insert】键,导致文档的输入模式由【插入】变成了【改写】。我们只需再按一下键盘上的【Insert】键,即可恢复为正常的【插入】模式。

02 计量单位的输入,如何实现数字的上下标?

在编辑 WPS 文字文档时,如遇到平方米(m^2),需要将 2 设置为上标表示单位的平方,那么如何设置上下标呢?

方法 1:使用上标、下标功能

在【开始】选项卡的功能区中单击【X^2(上标)】或【X$_2$(下标)】图标。

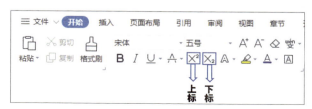

方法 2：使用上标、下标快捷组合键

选中需要加上标或下标的字符，使用快捷组合键【Ctrl+Shift+=】或【Ctrl+=】。

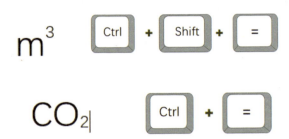

03　有生僻字不认识，如何给文字添加拼音？

在编辑 WPS 文字文档时，经常需要在文字上边标注汉语拼音，可以使用拼音指南功能为文字自动添加汉语拼音。

1 选择需注音的文字，在【开始】选项卡的功能区中单击【拼音指南】图标。

2 在弹出的【拼音指南】对话框中设置拼音的格式（如单字、词组等），单击【确定】按钮完成。

第 3 章·文档内容输入

04 输入英文和数字,间距突然变得很大怎么办?

在编辑文档时,输入数字的间距变得很大,如正常的效果是"123",异常的效果是"１２３",这时该如何恢复正常呢?

1 在【开始】选项卡的功能区中单击【拼音指南】图标右侧的下拉按钮,在弹出的菜单中选择【更改大小写】命令。

2 在弹出的对话框中选中【半角】单选项,单击【确定】按钮即可让间距恢复正常。

05 怎么去掉文字中的红色波浪线？

在编辑文档时，时不时会冒出一些红色波浪线，目的是提醒我们被标记的地方可能存在语法错误，如何去掉这些红色波浪线呢？

1 单击【文件】按钮，在弹出的菜单中选择【选项】命令。

2 在弹出的【选项】对话框中，切换到【拼写检查】组，把右侧前四个复选项取消勾选，单击【确定】按钮即可去掉这些红色波浪线。

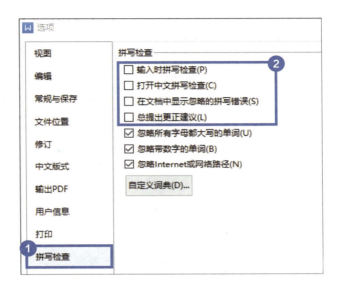

06 如何快速将阿拉伯数字金额改成中文大写金额的会计专用格式？

在编辑 WPS 文字文档时，有时需要把阿拉伯数字金额改成中文大写金额，便于阅读。在 WPS 文字中有没有快速解决的方法呢？

◢1◣ 选中待转换的阿拉伯数字后，在【插入】选项卡的功能区中单击【符号】组中的【编号】图标。

◢2◣ 在【插入编号】对话框中向下拖动右侧的滑块，选择中文大写数字【壹元整，贰元整，叁元整 ...】选项，单击【确定】按钮即可将阿拉伯数字更改为中文大写数字。

伍佰贰拾万壹仟叁佰壹拾肆元整

3.2　特殊内容的插入

WPS 文字文档中除了可以录入基本的文本内容之外，还支持多种特殊内容的录入，如特殊符号、单击就可打钩打叉的方框，甚至连二维码都可以制作，本节就来教你如何实现。

01　制作问卷时，如何在文档中制作自动打钩选择框？

在制作一些文档或填写一些表格时，需要在文字前面加入方框（用于打钩或打叉），这种方框是怎么实现的？

1 在【开发工具】选项卡的功能区中单击【复选框内容控件】图标，文档会自动插入一个可单击的方框，然后在功能区中单击【控件属性】图标。

第 3 章 · 文档内容输入

2 在【内容控件属性】对话框中,单击【复选框属性】组中【选中标记】后的【更改】按钮。

3 在弹出的【符号】对话框中修改【字体】为【Wingdings 2】字体,并在符号列表中选中相应的"☑"符号,单击【插入】按钮返回【内容控件属性】对话框,单击【确定】按钮完成修改。

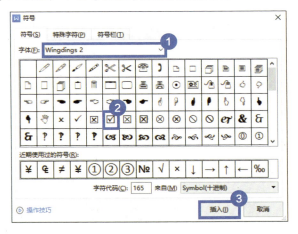

02 制作问卷时,如何在文档中设置下拉列表快速填充?

我们经常在电子表格中使用下拉列表来输入数据,避免数据出错,其实在 WPS 文字中也可以实现相同的功能。
1 在【开发工具】选项卡的功能区中单击【下拉列表内容控件】图标,此时光标处会插入一个下拉列表内容控件,然后在功能区中单击【控件属性】图标。

2 在【内容控件属性】对话框的【下拉列表属性】组中，单击【添加】按钮。在弹出的【添加选项】对话框的【显示名称】输入框里输入下拉列表中的内容，单击【确定】按钮关闭对话框。重复操作直至所有选项添加完成，最后单击【内容控件属性】对话框中的【确定】按钮完成所有设置。

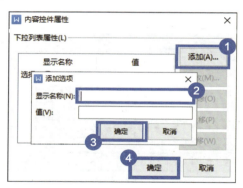

03 制作试卷时，如何在文档中输入复杂的数学公式？

在理工科论文或学术报告中，经常需要输入数学公式，在 WPS 文字中如何才能快捷地插入公式呢？

WPS 文字内置了公式编辑器，我们可以直接借助公式编辑器来完成复杂公式的插入。这里以下落高度公式为例。

1 在【插入】选项卡的功能区中单击【公式】图标，在弹出的菜单中选择【插入新公式】命令。

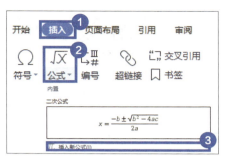

2 在文档的公式框中输入"h=",然后在【公式工具】选项卡中单击【分数】-【分数(竖式)】,在插入的分数框上下分别输入"1""2"并按键盘上的【→】键。

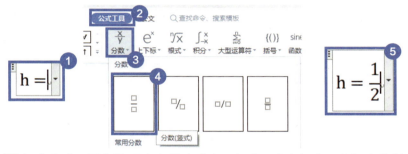

3 在【公式工具】选项卡中单击【上下标】-【上标】,在插入的第一个框中输入"gt",在上标框中输入"2"。

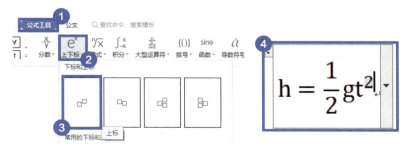

> **注意**
>
> 在公式中常量用正体字,变量一般用斜体字,正体和斜体字的切换可以使用快捷组合键【Ctrl+I】。

04 制作公司介绍时,如何制作复杂的组织结构图?

做公司介绍的时候,经常需要绘制公司的组织结构图,部门太多,如何快速绘制组织结构图呢?

1 在【插入】选项卡的功能区中单击【智能图形】图标。

2 在弹出的【选择智能图形】对话框中选择第一个【组织结构图】,单击【确定】按钮,即可插入一个空白的组织结构图。

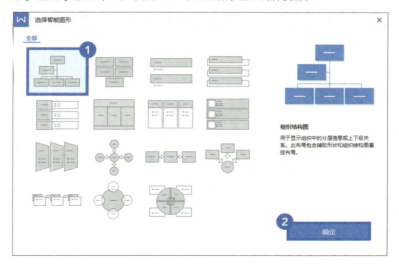

3 在【设计】选项卡的功能区中单击【添加项目】图标，选择需要的形状，即可增加形状数量。

05 如何在 WPS 文字中制作二维码、条形码？

二维码在我们的日常生活中越来越常见，你知不知道，其实在 WPS 文字中可以快速制作二维码。

1 在【插入】选项卡的功能区中单击【更多】图标，在弹出的菜单中选择【二维码】命令。

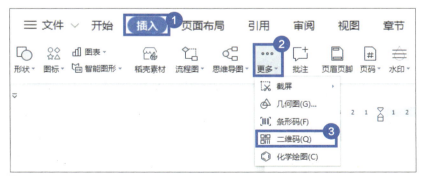

2 在弹出的二维码制作工具对话框中，选择对应的二维码类型：文本型、名片型、Wi-Fi 密码型、电话号码型。输入相应的内容后，即可

在右侧看到生成的二维码。

3 若需要对二维码的样式进行修改,可以用二维码下的工具进行自定义设计。

液态 – 直角 – 圆角:修改二维码中色块的形状。

颜色设置:调整二维码中元素的颜色。

嵌入 Logo/ 文字:将图形和文字嵌入二维码中。

图案样式:二维码三个定位点的样式。

其他设置:图片外边距、纠错等级、旋转角度和图片像素的设置。

可以看到,在【更多】菜单中还可以选择【截屏】【几何图】【条形码】【化学绘图】等,借助这些功能可以实现在不同场景下的需求。制作方法都是相通的,读者可以多多尝试。

和秋叶一起学 秒懂 WPS 文字处理

第 4 章
段落格式与样式

完成了基本文字内容的输入及基础的文字格式设置后，我们将在本章学习段落格式的调整。段落作为长文档的排版基本单位，它的格式设置极大地影响了文档的阅读体验。除此之外，本章我们也将为大家介绍长文档自动化排版中最为重要的样式功能。

扫码回复关键词"WPS 文字"，观看同步视频课程

4.1 段落格式的设置

本节主要介绍段落的对齐、前后的间距、段落中行与行距离、段落分页及段落间排序等功能。

01 从网上复制的内容,粘贴后格式全乱了,怎么办?

从网上直接复制内容到 WPS 文字中,里面往往带有很多复杂的格式,影响阅读及后续编辑。这些格式该如何快速清除呢?

① 选中需要清除格式的内容。

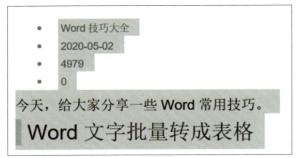

② 在【开始】选项卡的功能区中单击【清除所有格式】图标。

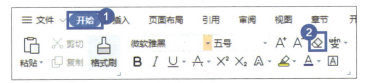

02 如何快速换页?

编辑文档时,常常遇到新的内容需要另起一页编辑的情况。一直按【Enter】键不仅操作烦琐,一旦内容有删减,就得重新调整。有什么方法可以不按【Enter】键,实现快速换页呢?

1. 快速换页

将光标定位在要换页的位置,在【插入】选项卡的功能区中单击【分页】图标,在菜单中选择【分页符】命令或使用快捷组合键【Ctrl+Enter】即可完成页面分页。

2. 插入空白页

如果想要插入空白页的话,还可以在【插入】选项卡的功能区中单击【空白页】图标,然后在菜单中选择【竖向】或【横向】的命令即可。

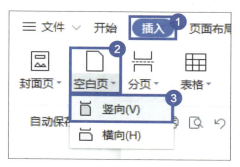

03 不按空格键,如何实现文字内容的对齐?

使用 WPS 文字的过程中,有很多场景都需要对上下文进行对齐。手动按空格键不仅操作烦琐,还会遇到很多"空半格"或字体字号等带来的无法精准对齐的情况。有什么更精确的方法吗?

首先选中需要设置对齐的段落。

> 使用 Word 的过程中,有很多场景都需要对上下文进行对齐。手动敲空格不仅操作繁琐,还会遇到很多"空半格"或者字体字号等带来的无法精准对齐的情况。有什么比敲空格更简单精确的方法吗?使用 Word 的过程中,有很多场景都需要对上下文进行对齐。手动敲空格不仅操作繁琐,还会遇到很多"空半格"或者字体字号等带来的无法精准对齐的情况。有什么比敲空格更简单精确的方法吗?使用 Word 的过程中,有很多场景都需要对上下文进行对齐。手动敲空格不仅操作繁琐,还会遇到很多"空半格"或者字体字号等带来的无法精准对齐的情况。有什么比敲空格更简单精确的方法吗?

1. 段落文本的简单对齐

在【开始】选项卡功能区的【段落】组中选择所需要的对齐方式(左对齐、居中对齐、右对齐、两端对齐)即可。

2. 两侧含缩进的文本对齐

1 在【开始】选项卡的功能区中单击【段落】组右下角的箭头图标。

2 在弹出的【段落】对话框中,修改【缩进和间距】选项卡下【常规】栏中的【对齐方式】参数,修改【缩进】栏中的【文本之前】和【文本之后】数值,单击【确定】按钮即可。

第4章·段落格式与样式

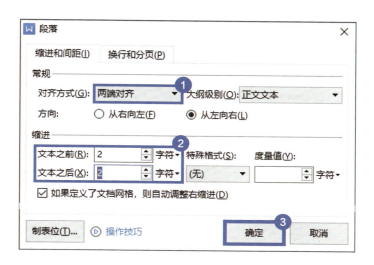

04 如何清除换行后莫名奇妙出现的空白？

相信很多读者遇到过这种情形：明明只按了一次【Enter】键换行，可是中间却出现了大段的空白。这些空白该如何清除呢？

其实这是段落的换行和分页设置出了问题，这里以"正文"样式下换行后空白的清除为例进行介绍。

1 在【开始】选项卡的功能区中，右键单击【正文】样式，在菜单中选择【修改样式】命令。

2 在弹出的【修改样式】对话框中单击【格式】按钮，选择【段落】选项。

043

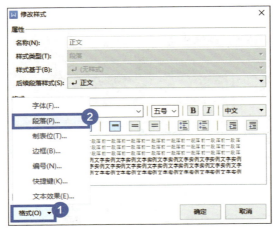

3 在弹出的【段落】对话框中单击切换到【换行和分页】选项卡，取消勾选【段前分页】复选项，单击【确定】按钮即可。

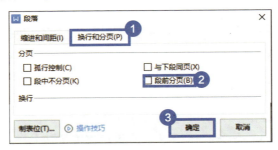

05 如何把长短不一的姓名两端对齐？

长短不一的姓名，很多人只会通过在姓名之间按空格键来进行对齐，这样的方法并不高效，有什么实用的方法可以实现多个姓名的快速对齐呢？

1 选中需要对齐的姓名，在【开始】选项卡的功能区中单击【中文版式】图标，在菜单中选择【调整宽度】命令。

2 在弹出的【调整宽度】对话框中输入新文字宽度（一般选择当前文字中最长的宽度即可），单击【确定】按钮。

通过以上操作就可以实现多个姓名的快速对齐了。

06 如何让致谢名单按姓氏笔画排序？

在很多名单后面，都会出现"按姓氏笔画排序"的说明。三个五个名字的时候勉强还可以手动调整，那如果有三五十个呢？你还要一个一个手动调整吗？其实在 WPS 文字中就有功能可以快速解决这个问题！

1 选中所有姓名，在【开始】选项卡的功能区中单击【排序】图标。

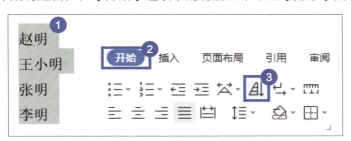

2 在弹出的【排序文字】对话框中,修改【主要关键字】为【段落数】,修改【类型】为【笔划】并选中【升序】选项,单击【确定】按钮。

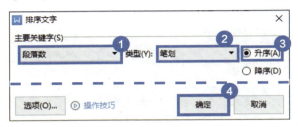

07 英文文献排序太乱,如何让它们按首字母进行排序?

撰写学术论文并进行排版是 WPS 文字十分实用的应用之一。如果参考文献引用了多篇英文文献,如何对其按照首字母进行排序呢?

1 将所列出的参考文献使用自动编号,并选中参考文献,在【开始】选项卡的功能区中单击【排序】图标。

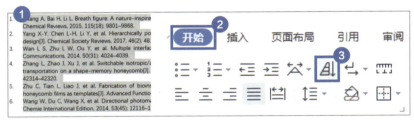

2 在弹出的【排序文字】对话框中,修改【主要关键字】为【段落数】,修改【类型】为【拼音】并选择【升序】选项,单击【确定】按钮。

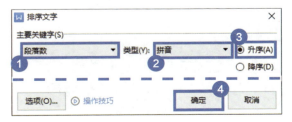

08 更换字体之后,段落行距变大了怎么办?

微软雅黑是 WPS 文档中一种十分常见的字体,但如果直接把其他字体的文字修改为微软雅黑字体,常常会出现行距变大的情况,这种问题如何解决呢?

1 选中调整过字体的文字。
2 在【开始】选项卡的功能区中单击【段落】组右下角的扩展按钮。

3 在弹出的【段落】对话框中,在【缩进和间距】选项卡的【间距】栏,取消勾选【如果定义了文档网格,则与网格对齐】复选项,单击【确定】按钮。

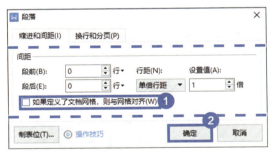

4 若行距依然很大,可以将【间距】栏的【行距】改为【固定值】。

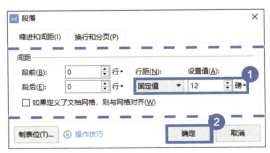

09 不按空格键如何实现段落开头空两格的效果？

很多规范文档书写都会有段落开头空两格的要求。按空格键不仅操作烦琐，一不小心还会出现多按或少按空格的情况。有什么方法可以不按空格键，就得到段落开头空两格的效果呢？

1 在【开始】选项卡的功能区中单击【段落】组右下角的扩展按钮。

2 在弹出的【段落】对话框中，修改【缩进和间距】选项卡的【缩进】栏的【特殊格式】为【首行缩进】，并将【度量值】改为"2"字符，单击【确定】按钮。

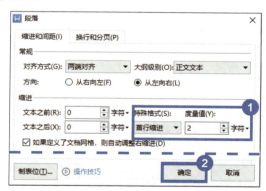

10 重复设置效率太低，如何将格式复制给其他段落？

如果想要某一部分内容和已有的内容格式保持一致，我们可以先找出哪些格式不一致，然后手动调整。但这种方法不仅低效，而且还不准确。有什么技巧可以实现快速复制格式吗？

1 选择待复制格式的内容，在【开始】选项卡的功能区中，单击【剪贴板】组中的【格式刷】图标。

第 4 章 · 段落格式与样式

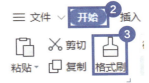

2 选中需要修改格式的内容,即可将已有的格式复制过来。

如何用格式刷,将格式复制给其他内容?

如何用格式刷,将格式复制给其他内容?

若需要连续使用格式刷,只需在步骤**1**中双击【格式刷】图标即可实现。

4.2 段落样式的设置

> 样式是文本格式与段落格式的统一体,如果想要实现长文档的自动化排版,样式这一功能一定要学会,它是长文档排版之魂。

01 如何批量修改段落格式为统一格式?

"样式"是 WPS 文字中一个十分实用的功能。将样式设置好之后,便可以方便快速地为段落直接套用设置好的格式,而不需要分别逐个设置。如何使用样式快速统一段落格式呢?

1 将光标定位到需要套用样式的段落的任意位置。

> 样式是 WPS 文字中十分实用的功能,将样式设置好之后,便可以方便快捷地为段落直接套用好格式,而不需要逐个设置。如何使用样式快速统一样式呢?

049

2 在【开始】选项卡的功能区的【样式】组中，单击设置好的格式样式命令。

02 每次写文档都要新建特定的样式，能否将它添加到模板？

对于经常使用又普适性高的格式，如果可以直接添加样式并适用于所有新建的文档，会为后续文档的编辑减少很多不必要的操作。如何添加样式到所有的文档中呢？

这里以添加"示例样式"为例。

1 在【开始】选项卡的功能区中，单击【样式】组的下拉箭头，在展开的菜单中选择【新建样式】命令。

2 在弹出的【新建样式】对话框中的【名称】框里输入"示例样式"，根据需求选择【样式类型】【样式基于】和【后续段落样式】。

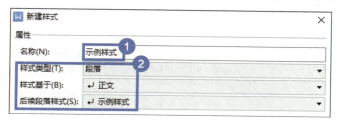

第 4 章 · 段落格式与样式

3 勾选【同时保存到模板】复选项，单击【格式】按钮设置样式字体、段落等格式，单击【确定】按钮。

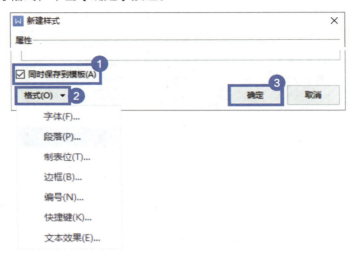

03 应用样式只能鼠标单击？能不能设置快捷键？

快捷键可以为文档的操作带来很多便利。"样式"是 WPS 文字中十分常用的功能，如果可以给常用的样式设置快捷键，就可以为操作减少很多复杂的操作，该如何为某种样式设置快捷键呢？

以为【标题 1】样式设置快捷键【Ctrl+Alt+1】为例。

1 在【开始】选项卡的功能区中，右键单击【标题 1】样式，在弹出的菜单中选择【修改样式】命令。

2 在弹出的【修改样式】对话框中单击【格式】按钮,选择【快捷键】选项。在弹出的【快捷键绑定】对话框的【快捷键】框中,按快捷键【Ctrl+Alt+1】,单击【指定】按钮后单击【关闭】按钮,之后单击【确定】按钮。

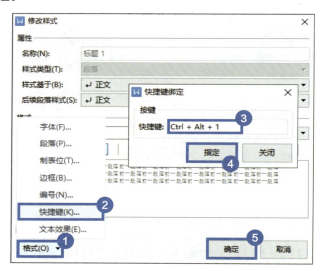

04 如何让每个章节都自动出现在新的一页?

开始新的一级标题的时候,往往需要在新的一页重新开始。如何设置可以实现在添加标题的时候就自动换页的功能呢?

这里以应用"标题1"样式时自动换页为例。

1 在【开始】选项卡的功能区中,右键单击【标题1】样式,在弹出的菜单中选择【修改样式】命令。

2 在弹出的【修改样式】对话框中单击【格式】按钮,选择【段落】选项。

3 在弹出的【段落】对话框中,单击切换到【换行和分页】选项卡,取消勾选【段前分页】复选项,单击【确定】按钮。

05 样式功能区中没有"标题"样式是怎么回事？

样式库中显示的推荐样式通常只有"标题 1""标题 2"两级标题。如果文档中需要更多级别的标题该怎么办呢？

1 在【开始】选项卡的功能区中单击【样式】组右侧的下拉按钮，在菜单中选择【显示更多样式】命令。

2 在右侧弹出的面板中修改最下方的【有效样式】为【所有样式】，即可查看到文档中的所有样式了。

06 应用样式后，标题前后的黑点怎么才能去掉？

在应用了标题样式的标题两端，常常会有"小黑点"。虽然不会被打印出来，但影响美观，还不能直接删掉。有什么方法可以去掉小黑点呢？

这里以"标题 1"样式为例演示修改步骤。

1 在【开始】选项卡的功能区中,右键单击【标题 1】样式,在弹出的菜单中选择【修改样式】命令。

2 在弹出的【修改样式】对话框中单击【格式】按钮,选择【段落】选项。

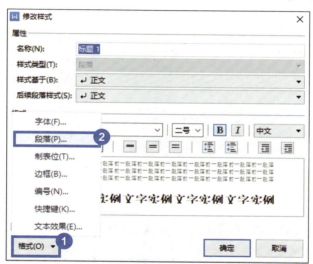

3 在弹出的【段落】对话框中切换到【换行和分页】选项卡,取消勾选【与下段同页】【段中不分页】复选项,单击【确定】按钮。

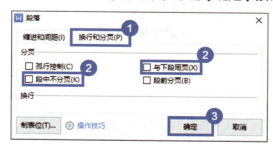

和秋叶一起学 秒懂 WPS 文字处理

第 5 章
文档的段落编号

段落的编号与调整是长文档排版中最让人头疼的地方，很多人编号全都靠手工输入，稍不注意输错一个，之前所有的努力全都白费，一切从头来过。其实软件内置了给段落编号的功能，能够实现段落的自动编号，本章就为大家介绍段落的编号与多级列表编号。

扫码回复关键词"WPS 文字"，观看同步视频课程

5.1 项目符号与编号

> 如果想让没有严格顺序的段落内容观感更整齐，可以为其添加项目符号；如果想要有严格次序的段落更加直观，可以为其添加段落编号，但是在编号的过程中总会有些小毛病，本节就帮你解决它们！

01 段落序号有要求，如何让段落自动生成项目符号和序号？

段落编号可以使段落层次分明，结构清晰。而在无须使用段落编号的情况下，项目符号在文档中也同样可以起到强调说明的作用。除了手动输入，可以为编辑好的段落快速添加编号和项目符号吗？

添加项目符号

选中需要添加项目符号的段落，在【开始】选项卡的功能区中单击【项目符号】图标右侧的下拉按钮，在展开的菜单中选择需要的项目符号即可为段落添加项目符号。

添加段落编号

选中需要添加段落编号的段落，在【开始】选项卡的功能区中单击【编号】图标右侧的下拉按钮，在展开的菜单中选择需要的编号格式即可为段落添加编号。

02 软件内置的项目符号不喜欢,如何添加自定义项目符号和编号?

WPS 文字中内置的项目符号和编号类型有些少,我们该如何添加自定义的项目符号和编号呢?

自定义项目符号

1 在【开始】选项卡的功能区中单击【项目符号】图标右侧的下拉按钮,在展开的菜单中选择【自定义项目符号】命令。在弹出的【项目符号和编号】对话框中选择任意一个符号,单击右下角的【自定义】按钮。

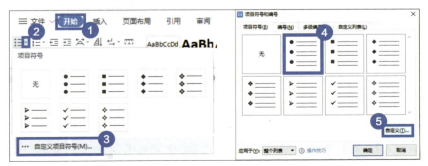

2 在弹出的【自定义项目符号列表】对话框中，单击【字符】按钮，打开【符号】对话框，然后将字体切换为"Wingdings""Wingdings 2""Wingdings3"或"Webdings"，选择合适符号后，单击【插入】按钮后返回，单击【确定】按钮完成项目符号的自定义。

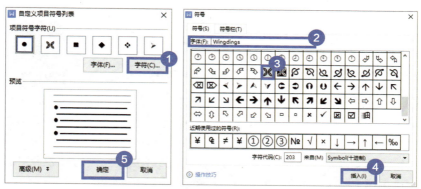

3 如果需要精准设置项目符号的位置及文字的位置，可以在【自定义项目符号列表】对话框中单击【高级】按钮，然后在展开的面板中进行设置。

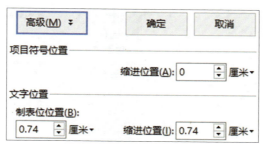

自定义编号

这里以设置01、010这样的编号为例。

1 在【开始】选项卡的功能区中，单击【编号】图标右侧的下拉按钮，在展开的菜单中选择【自定义编号】命令。在弹出的【项目符号和编号】对话框中选择任意一个编号，单击右下角的【自定义】按钮。

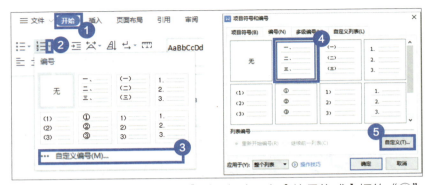

2 在弹出的【自定义编号列表】对话框中,在【编号格式】框的"①"前输入一个"0"并删除编号后的多余符号,然后修改【编号样式】为"1,2,3,…",此时可以在预览窗口中看到对应的编号样式。如果需要精准设置编号位置及文字的位置,可以在【自定义编号列表】对话框中单击【高级】按钮,然后在展开的面板中进行设置。

03 不希望继续前面的编号,如何让段落重新开始编号?

有时在段落编号的过程中,一个段落结束开始新的一个段落时需要重新开始编号,但 WPS 文字文档中却默认了继续编号。如何设置

第 5 章 · 文档的段落编号

段落编号重新从 1 开始？

　　右键单击编号，在弹出的菜单中选择【重新开始编号】命令即可。

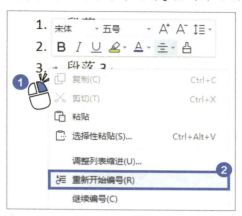

04　自动编号后，序号和文字间距太大了，该怎么调整？

　　在系统自动编号之后，数字和文字之间通常会有一段比较大的间距。有时候并不需要这么大的间距，有没有什么办法可以缩小这个间距呢？

1 右键单击编号，在弹出的菜单中选择【调整列表缩进】命令。

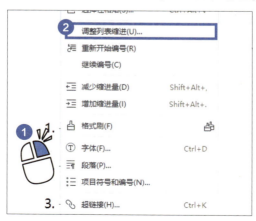

2 在弹出的【调整列表缩进】对话框中，缩小【文本缩进】的数值，或者将【编号之后】改为【空格】或【无特别标示】，单击【确定】按钮。

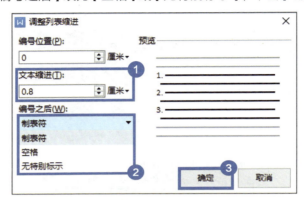

5.2 长文档的多级编号

同一级别内容的编号直接使用编号功能就好，但是长文档中往往会涉及多个层级内容的编号，而且每个层级的编号彼此之间有联动，这时就需要用到多级列表功能了，本节将介绍多级列表的设置及疑难杂症的解决方法。

01 编写多层级内容时，如何实现多级标题自动编号？

单层级标题可以通过编号功能实现快速编号，但如果文档中含有多层级的标题，该如何设置各层级的编号呢？

1 在【开始】选项卡的功能区中，使用【样式】组中的各种样式为文档设置好各级标题的样式。

2 在【开始】选项卡的功能区中单击【编号】图标右侧的下拉按钮，在展开菜单的【多级编号】组中选择后缀带有样式名称的命令。

第 5 章 · 文档的段落编号

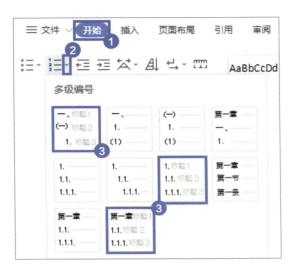

02 内置的多级编号样式不符合需求，该如何自定义？

在 WPS 文字的多级列表库中内置有多种样式的多级编号，可供我们方便地取用。但如果这些编号样式不符合文档要求，该如何自定义设置所需要的多级列表呢？

这里以设置"第 1 章、1.1、1.1.1"的多级列表为例。

1 在【开始】选项卡的功能区中，单击【编号】图标右侧的下拉按钮，在展开的菜单中选择【自定义编号】命令。

2 在弹出的【项目符号和编号】对话框的【多级编号】选项卡中选择最后一个，然后单击右下角的【自定义】按钮。

3 在弹出的【自定义多级编号列表】对话框中，单击【高级】按钮，展开完整的面板。选择【级别】为"1"，将【编号格式】框中"①"后面的符号删除，然后分别在其前后输入"第"和"章"；将【将级别链接到样式】设置为"标题1"，修改【编号之后】为"空格"。

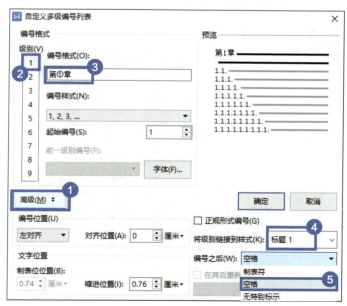

第 5 章 · 文档的段落编号

4 后续级别的编号的设置参照步骤**3**进行，需要注意将级别链接到对应的标题样式。

03 自定义编号中的下级编号跟随上级编号变化怎么设置？

在使用多级标题的过程中，各级标题自动编号错乱令人头疼。开始新的一级标题之后，二级标题编号并没有从 1 开始，反而继续了上一章节。有没有什么办法可以从根本上解决自动编号错乱的问题呢？

·第 1 章·这里是第一章的标题

.1.1·第一节标题

.第 2 章·这里是第二章的标题

.2.2·第一节标题

1 在【开始】选项卡的功能区中单击【编号】图标右侧的下拉按钮，在展开的菜单中选择【自定义编号】命令。

2 在弹出的对话框中，切换到【自定义列表】选项卡，然后单击【自定义】按钮。

3 在弹出的【自定义多级编号列表】对话框中,单击【高级】按钮让对话框显示完整,将【级别】设置为【2】,勾选【在其后重新开始编号】复选项,然后单击【确定】按钮。

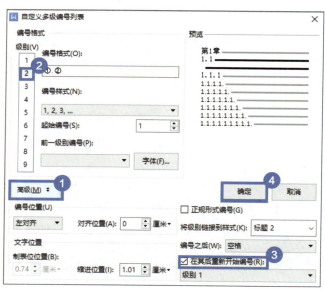

和秋叶一起学 秒懂 WPS 文字处理

第 6 章
文档中的图片与图形

图片和图形也是 WPS 文字排版中不可或缺的元素，它们的存在大大提升了文档的可阅读性，但是它们也是文档排版中很难驾驭的排版元素，想要制作出优雅美观的文档，本章内容请务必熟练掌握。

扫码回复关键词"WPS 文字"，观看同步视频课程

6.1 图片的插入与排版

图片在文档中有多种存在形式，不同类型的图片在文档排版中的处理方式不同，本节就重点讲解图片类型的区别及对应的排版操作。

01 文档中的图片类型有很多，都有哪些区别呢？

在 WPS 文字中的图片其实有 3 种类型，7 种形式，它们有什么特点和区别呢？

第 1 类：嵌入型

这种形式的图片，在 WPS 文字中被看作一个字符嵌入在段落当中，和文字一样，会受到行间距和文档网格设置的影响。

第 2 类：文字环绕型

文字会基于这个图片环绕在它周围，当拖动图片时，文字会根据图片的位置调整环绕。

这种类型的图片包含 4 种环绕形式。

1. 四周型：文字沿着图片的尺寸轮廓分布。

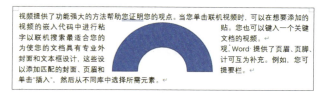

2. 紧密环绕型：文字沿着图片的真实轮廓分布。

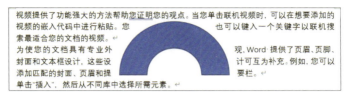

3. 穿越型环绕：文字沿着环绕轮廓分布排列。

4. 上下型环绕：文字会以行为单位分布在图片的上下方。

第 3 类：浮动型

这种类型的图片已经脱离了段落文字的排版，无论怎么移动图片，文字排版都不会受到任何影响。

这种类型的图片包含两种浮动形式。

1. 衬于文字下方：在文字下方衬底作为背景。

2. 浮于文字上方：浮在文字的上方遮盖文字。

02 文档中图片对齐方式不统一，如何批量对齐所有的图片？

文档中插入了很多图片，但是当我们想要对齐这些图片时，能不能不一个个手动调整，直接批量实现对齐呢？

> **注意**
> 以下操作仅适用于嵌入型图片。

1 按快捷组合键【Ctrl+H】打开【查找和替换】对话框，在【查找内容】输入框中输入"^g"。

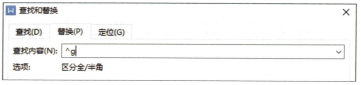

2 将光标定位在【替换为】输入框中，单击下方的【格式】按钮，选择【段落】选项。

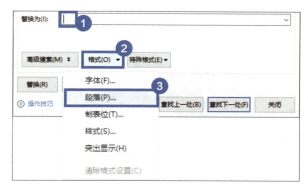

3 在弹出的【替换段落】对话框中,将【缩进和间距】选项卡中的【对齐方式】修改为【居中对齐】,单击【确定】按钮关闭对话框。

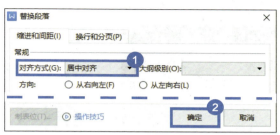

4 此时在【查找和替换】对话框中,可以发现【替换为】输入框下,出现了"居中"的格式,直接单击【全部替换】按钮即可完成所有图片的居中。

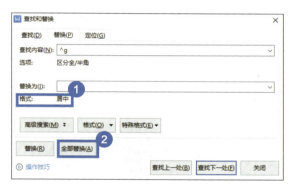

03 如何将图片位置固定,不随文字移动?

在文档中插入图片后,如果之后需要修改图片前的文本,图片的位置也会发生变化,那么如何才能让图片固定在文档中特定的位置,而不受文本内容的影响呢?

单击选中想要固定的图片,单击图片右上角的【布局选项】按钮,选择【文字环绕】中的任意一种类型,选中【固定在页面上】单选项即可让图片固定在特定位置。

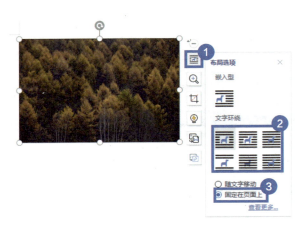

6.2 图片的美化与调整

01 文件签字要电子版,如何把手写签名放到文档中?

我们经常用 WPS 文字编辑合同,这些文档都需要签名。如果直接把手写签名添加到文档中,就可以不用打印之后再签字了,那具体该如何操作呢?

❶ 在【插入】选项卡的功能区中,单击【图片】图标,在菜单中选择【本地图片】命令。

❷ 在弹出的【插入图片】对话框中选择准备好的手写签名图,单击【打开】按钮。

第 6 章 · 文档中的图片与图形

③ 选中手写签名图，在【图片工具】选项卡的功能区中，单击【抠除背景】图标，在菜单中选择【设置透明色】命令，当鼠标指针变成取色器形状后，单击签名的纯色背景即可得到透明的手写签名。

02 如何在 WPS 文字中实现证件照背景更换？

用 WPS 文字做简历、报名表都需要贴证件照，有时候对背景色还有不同的要求。我们说起更换照片背景色，首先想到的一定是 Photoshop，其实 WPS 文字也可以，让我们来试试吧。

① 选中 WPS 文字中的证件照后，在【图片工具】选项卡的功能区中，单击【抠除背景】图标，并在菜单中选择【抠除背景】命令。

073

2 在弹出【智能抠图】对话框时，软件会自动完成图片背景的抠除。

3 如果对【自动抠图】效果不满意，可以单击下方的【上一步】图标还原图片，然后切换到【手动抠图】，使用保留工具涂抹需要保留的位置，使用去除工具涂抹需要清除的位置，软件就会根据涂抹区域进行抠除。

4 单击【换背景】按钮，选择蓝色背景，最后单击【完成抠图】按钮即可。

03 插入图片后显示不完整，如何让其完整显示？

在文档中插入图片时，有时候图片只能显示出一部分，如何调整才能让图片完整显示呢？

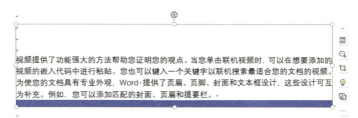

这个问题很简单，由于行距被设置为固定值，导致插入的嵌入型图片只能显示一部分，这可以通过调整行间距的方法来完整显示图片。

1 选中图片后，在【开始】选项卡的功能区中单击【段落】组右下角的扩展按钮。

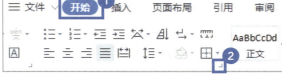

2 在弹出的【段落】对话框中，切换到【缩进和间距】选项卡，把【行距】设置为【单倍行距】，单击【确定】按钮。

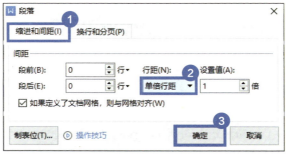

这样图片就可以完整显示了。

04 文档中图片宽度不统一，如何批量统一图片宽度？

当文档中有多张不同大小的图片时，为了排版美观，需要将所有图片调整成统一的宽度。如果一张张手动处理，非常不便，有没有快速批量统一图片尺寸的方法呢？

快速统一图片尺寸要解锁 WPS 文字的宏功能。读者可自行搜索下载"VBA 7.1 for WPS"安装程序进行解锁。

◀1▶ 在【开发工具】选项卡的功能区中单击【VB 宏】图标。

◀2▶ 在弹出的【VB 宏】对话框中修改【宏名】为"批量调整图片大小"，单击"创建"按钮。

◀3▶ 清空弹出对话框中右侧的内容，将下列代码（配套资源中也有提供）粘贴进去，关闭【VB 宏】对话框。代码中默认的图片宽度为 15cm，可以根据实际需要进行修改。

```
Sub 批量调整图片大小()
Dim n
On Error Resume Next
  For n = 1 To ActiveDocument.InlineShapes.Count
    ActiveDocument.InlineShapes(n).Width =CentimetersToPoints(15)
  '设置图片宽度为15cm，括号内数字可改变，高度会等比例调整
  Next n
  For n = 1 To ActiveDocument.Shapes.Count
    ActiveDocument.Shapes(n).Width =CentimetersToPoints(15)
  '设置图片宽度为15cm，括号内数字可改变，高度会等比例调整
  Next n
End Sub
```

④ 按步骤❶描述打开【VB宏】对话框，选择【批量调整图片大小】选项，单击【运行】按钮即可快速统一图片宽度。

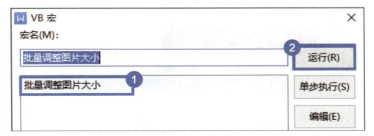

05 图片形状和比例都不合适,如何将图片裁剪为正多边形?

在 WPS 文字里图片可以被裁剪为特定形状,如矩形、三角形等,那如何将图片裁剪为正多边形呢,如正五边形?

1 选中图片,在【图片工具】选项卡的功能区中单击【裁剪】图标,在菜单中选择【按形状裁剪】命令,然后选择【五边形】,此时图片就会按照原始的图片比例被裁剪为五边形。

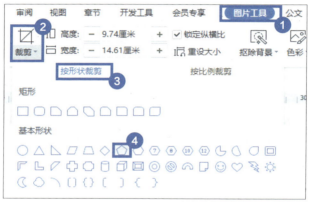

2 单击图片右上角的【裁剪】按钮,选择【按比例裁剪】,选择比例为【1:1】即可将图片裁剪为正五边形。

06 如何绘制正多边形和垂直/水平的线条？

在文档中绘制流程图的时候，经常需要插入正多边形或线条，该怎么办？

绘制正多边形

1 在【插入】选项卡的功能区中单击【形状】图标，在弹出的菜单中选择一个正多边形命令，如【矩形】。

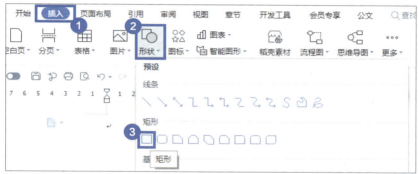

2 按【Shift】键的同时按住鼠标左键，在页面区域拖动即可插入正方形。

绘制垂直/水平线条

1 在【插入】选项卡的功能区中单击【形状】图标，在弹出的菜单中选择【直线】命令。

2 按【Shift】键的同时按住鼠标左键,在页面区域水平方向拖动即可插入水平直线,在垂直方向拖动即可插入垂直直线。

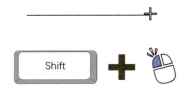

07 文档中无法正常框选元素,那么该如何快速选中元素?

想要对文档中的图形进行更改,可是中间隔着许多文字,怎么才能在不选中文本的情况下选中所有的图形呢?

1 在【开始】选项卡的功能区中单击【选择】图标,在弹出的菜单中选择【选择对象】命令。

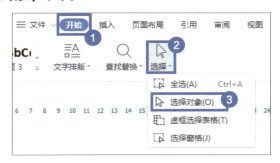

第 6 章 · 文档中的图片与图形

2 按住鼠标左键拖曳出选框，即可框选图形而不选中文本。

08 移动元素太麻烦了，怎样才能自由地移动元素呢？

在 WPS 文字中插入的图片和形状有很多限制，很难自由移动。怎么才能够解除这种限制，从而实现元素的自由排版呢？

1 在【插入】选项卡的功能区中单击【形状】图标，在弹出的菜单中选择【新建绘图画布】命令，此时光标所在位置会新建一张画布。

2 选中画布后，在【插入】选项卡的功能区中单击【形状】或其他元素的图标，即可在画布中插入并自由移动元素了。

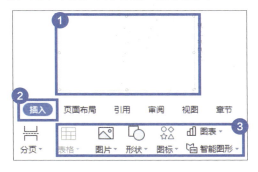

和秋叶一起学 秒懂 WPS 文字处理

第 7 章
文档中的表格

用 WPS 文字制作的文档类型中除了常规的文本型文档之外,常见的就是借助 WPS 的表格功能制作的表格型文档,如入职申请表、个人简历、员工信息表等。但是如果没有掌握表格的绘制和格式调整方法,表格将会为排版带来很多麻烦。

扫码回复关键词"WPS 文字",观看同步视频课程

7.1 表格的绘制与美化

表格作为文档的重要组成部分,除了可以很直观地呈现数据之外,又因其自带框线,且可以自由调整框线位置而成为文档中规整排版的宠儿,本节主要介绍如何更好地绘制出美观实用的表格。

01 纯文字信息,如何将它们转换为表格?

我们有时需要将某一段文本以表格的形式呈现出来,如果先插入一个表格,然后再将文字逐一复制、粘贴到表格中,费时又费力。如何把文本直接转换为表格呢?

1 需要转换的段落文本之间需以段落标记、逗号、空格、制表符或其他字符隔开,如下图所示。

> 姓名,性别,部门
> 秋小 P,女,运营部
> 秋小 E,男,市场部
> 秋小 W,男,财务部

2 选中需要转换的文本,在【插入】选项卡的功能区中单击【表格】图标,选择【文本转换成表格】命令。

3 在弹出的【将文字转换成表格】对话框中,将【文字分隔位置】设置为文本中的分隔符,确认【列数】(行数会随之改变)符合预期后单击【确定】按钮。

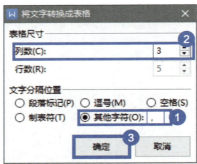

02 如何快速绘制斜线表头?

在制作表格时,有时需要绘制斜线表头,该如何操作呢?

1 将光标定位到要绘制表头的单元格中,在【表格样式】选项卡的功能区中单击【绘制斜线表头】图标。

2 根据自己的需求选择对应的斜线表头类型,单击【确定】按钮,WPS 文字就会自动完成斜线表头的绘制,并且划分好文字输入区域。

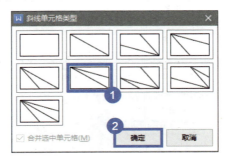

03 文档中的表格太长了,如何将它压缩在一页?

WPS 文字文档中遇到长条形的表格,表格右侧就会出现大面积的空白,如何才能将这些空白利用起来,同时让表格显示在一页中呢?

① 在【页面布局】选项卡的功能区中单击【分栏】图标,根据表格的宽度在弹出的菜单中选择合适的栏数。

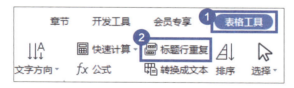

② 选择表格的标题行,在【表格工具】选项卡的功能区中单击【标题行重复】图标。

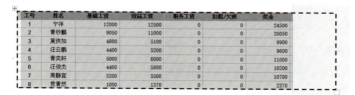

04 文档中的表格太宽,超出页面范围怎么办?

WPS 文字文档里的表格如果太宽,就会无法看到完整的表格。怎样才能让它在页面中完整显示呢?

在【表格工具】选项卡的功能区中单击【自动调整】图标,选择【适应窗口大小】命令即可。

7.2 表格属性的调整

绘制了美观实用的表格后,如果不了解表格中单元格的属性对排版效果的影响,很容易出现表格断行、表格框架变形,甚至无法正常输入和显示内容的情况,本节就来教大家如何调整表格属性。

01 如何让表格中的文字紧挨着边框?

当表格中的文字字号变大时,文字与边框会产生一定的距离,那么如何让表格中的文字紧挨着边框呢?

1 选中表格或表格中的某个区域。

秋叶 WPS	秋叶 WPS	秋叶 WPS	秋叶 WPS	秋叶 WPS
秋叶 WPS	秋叶 WPS	秋叶 WPS	秋叶 WPS	秋叶 WPS
秋叶 WPS	秋叶 WPS	秋叶 WPS	秋叶 WPS	秋叶 WPS

2 在【表格工具】选项卡的功能区中单击【表格属性】图标。

3 在弹出的【表格属性】对话框中，切换到【单元格】选项卡，然后单击【选项】按钮。

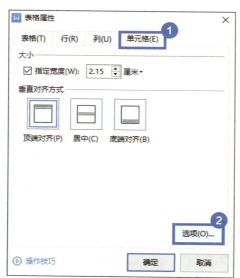

4 在弹出的【单元格选项】对话框中，取消勾选【与整张表格相同】复选项，将各数值设置为"0"后单击【确定】按钮。

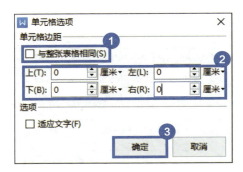

02 如何将文档表格复制到电子表格中不变形？

在日常工作中，我们经常需要将文档表格复制到 WPS 表格中，但复制、粘贴之后，表格变形，还需要自己调整。如何复制才能保证表格不变形呢？

1 打开 WPS 表格文档，在菜单栏中选择【文件】-【另存为】-【其他格式】命令。

2 在【另存文件】对话框中输入文件名，修改文件类型为"网页文件(*.html，*.htm)"后单击【保存】按钮，保存文件。

3 打开 WPS 表格之后,单击【文件】-【打开】命令,打开刚刚保存过的网页文件。

4 在弹出的【打开文件】对话框中,找到并选择刚刚保存的网页 HTML 文件,单击【打开】按钮即可。

03 表格在换页的时候能否自动添加表头?

当 WPS 文字表格的内容多于一页时,为方便查看数据,需要让表头在每一页重复显示,该怎么做呢?

1 选中表格的标题行（可以是多行，但一定要包含标题行）。

月工作总结							
序	工作项目	2017年1月	2017年2月	2017年3月	2017年4月	2017年5月	2017年6月
1.	一、开业运营中心组织架构						
	确定新的运营中心组织						

2 在【表格工具】选项卡的功能区中单击【标题行重复】图标，即可让表格标题行出现在每一页表格中。

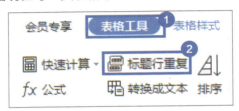

04　WPS 文字表格如何像 WPS 表格一样使用公式进行计算？

表格中的数据免不了要做加减乘除等运算，那么该如何操作呢？

1 将光标定位到要进行计算的单元格中，在【表格工具】选项卡的功能区中单击【公式】图标。

数据1	数据2	数据3	数据3	结果
1	123	3445	4552	
2	3	4	5	
81	3	3	3	

2 弹出的【公式】对话框中，会自动填充求和公式"=SUM（LEFT）"，单击【确定】按钮即可完成数据计算。

3 我们还可以清空公式栏中的函数，自己选择函数来进行计算，单击【粘贴函数】右侧的下拉按钮，在函数列表中选择对应的函数，然后选择【表格范围】来进行公式计算。

4 如果计算出的结果需要保留多位小数，或者显示更复杂的数字格式，还可以单击【数字格式】右侧的下拉按钮，选择合适的数字格式。

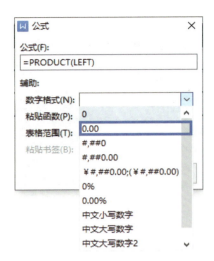

05 为什么表格中一插入图片,单元格就变形?

在 WPS 文字文档的表格中插入图片,如在简历表格中插入照片,单元格会根据图片大小变化,那么该如何避免呢?

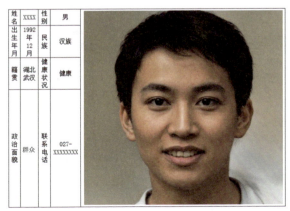

1 选中表格,在【表格工具】选项卡的功能区中单击【表格属性】图标,打开【表格属性】对话框。

2 在【表格属性】对话框中,选择【表格】选项卡,单击右下角的【选项】按钮。

3 在【表格选项】对话框中取消勾选【自动重调尺寸以适应内容】复选项,单击【确定】按钮。

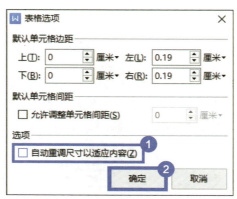

06 表格内一按【Enter】键就跳到下一页,该怎么解决?

有时在 WPS 文字文档的表格内输入内容按【Enter】键会自动跳到下一页,这个问题该如何解决呢?

1 选中表格,单击鼠标右键,在弹出的菜单中选择【表格属性】命令。

2 在弹出的【表格属性】对话框中,切换到【行】选项卡,取消勾选【指定高度】复选项并勾选【允许跨页断行】复选项,单击【确定】按钮。

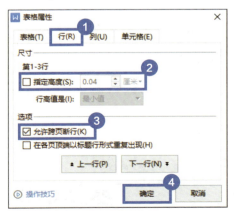

第 7 章 · 文档中的表格

07 表格后面多一页空白页删不掉怎么办？

在绘制 WPS 文字表格时，经常会遇到表格大小刚好一页，但后面多了一个空白页，按【Backspace】键和【Delete】键都无法删除，打印文档也会多出一页白纸，那该怎么解决呢？可尝试以下 3 种方法。

方法1：调整行间距

1 将光标定位在空白页段落标记的最前端，在【开始】选项卡的功能区中单击【段落】组右下角的扩展按钮。

2 在弹出的【段落】对话框中，切换到【缩进和间距】选项卡，并设置【行距】为【固定值】，【设置值】输入"1"，单击【确定】按钮。

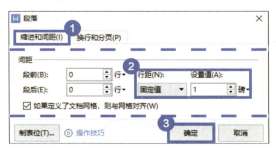

方法 2：隐藏段落标记

❶ 选中空白页的段落标记，使用快捷组合键【Ctrl+D】打开【字体】对话框。

❷ 在【字体】选项卡的【效果】组中勾选【隐藏文字】复选项，单击【确定】按钮，空白页就会自动隐藏。

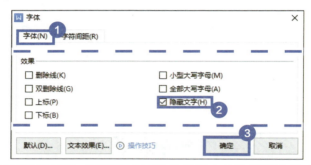

❸ 若空白页没有隐藏，可以在【开始】选项卡的功能区中单击【显示/隐藏段落标记】图标，取消勾选【显示/隐藏段落标记】选项。

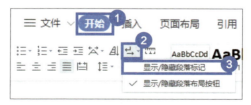

方法 3：调整页边距

在【页面布局】选项卡的功能区中将下边距适当调小即可。

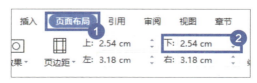

和秋叶一起学 秒懂 WPS 文字处理

第 8 章
文档的目录与题注

目录作为一份长文档的重要组成部分，起到的是提纲挈领的作用，也便于读者快速了解整篇文档的结构。重要的图片表格，也都需要使用题注来标注序号和名称。

扫码回复关键词"WPS 文字"，观看同步视频课程

8.1 目录的生成与自定义

在 WPS 文字中提供了多种创建目录的方式，既可以手动编写也可以根据大纲级别的设置自动生成，甚至还可以自定义目录，本节将介绍如何创建目录，以及如何自定义目录格式。

01 文档目录还在手打，WPS 文字可以自动生成目录吗？

要快速地给文档做一个目录，可是几十个标题手动输入太慢了，怎么才能自动生成目录？当文档的章节标题有修改或删减，又该怎么快速更新呢？

> **注意**
> 生成目录前，文档标题需要先应用标题样式。

❶ 将光标定位在需要生成目录的位置，在【引用】选项卡的功能区中单击【目录】图标，在下方菜单中选择【自动目录】。

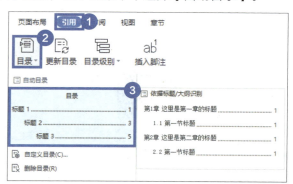

此时文档会依据标题/大纲自动识别并生成目录。

❷ 如果标题发生了删减或修改，可以在【引用】选项卡的功能区中单击【更新目录】图标，在弹出的【更新目录】对话框中选择对应的单选项，单击【确定】按钮。

第 8 章 · 文档的目录与题注

02 如何设置自动生成目录的显示级别？

自动生成目录真的又快又好，可是生成的目录默认显示的就是 3 个级别，想要显示多个级别的标题应该怎么办？

■ 在【引用】选项卡的功能区中单击【目录】图标，在菜单中选择【自定义目录】命令。

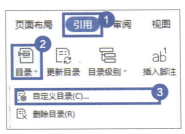

■ 在弹出的【目录】对话框中可以修改目录文字与页码之间的前导符、目录中显示的标题级别，最后单击【确定】按钮。

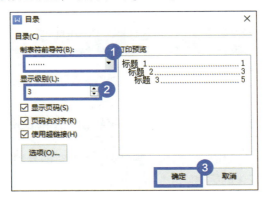

03 自动生成的目录样式和要求不同,怎么自定义修改?

自动生成的目录的字体、字号及制表符前导符不是自己需要的样式,如何才能对目录的样式进行自定义?

1 将光标放在目录中对应级别的标题中,如一级标题。

2 在【开始】选项卡的功能区中右键单击【目录1】样式,选择【修改样式】命令,这样就可以像更改段落样式一样进行格式自定义了。

8.2 题注的插入与交叉引用

> 文档中除了段落需要进行编号之外,图片和表格也需要进行编号。很多人只知道手动为图片或表格编号,殊不知在 WPS 文字中有题注功能能够帮助我们快速完成,而且这样编号不用担心增删图片或表格造成的编号重调,一切都会自动修正。

01 一个个手打编号太麻烦,如何给图片和表格快速编号?

很多长文档,如论文、方案、图书等,需要对图片和表格进行编号,如何生成自动变化的编号呢?

1. 给图片编号

1 右键单击需要编号的图片，在弹出的菜单中选择【题注】命令。

2 在弹出的【题注】对话框中，输入图片的名称，设置【标签】为【图片】，【位置】为【所选项目下方】，然后单击【编号】按钮。

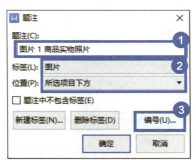

3 在弹出的【题注编号】对话框中，勾选【包含章节编号】复选项，修改使用的分隔符类型，然后单击【确定】按钮返回【题注】对话框，最后单击【确定】按钮完成设置。

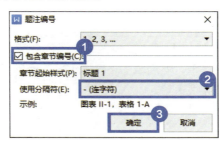

2. 给表格编号

1 右键单击表格左上角的"⊕"图标,在弹出的菜单中选择【题注】命令。

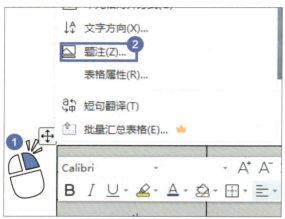

2 在弹出的【题注】对话框中,输入表格的名称,设置【标签】为【表格】,【位置】为【所选项目上方】,然后单击【编号】按钮。

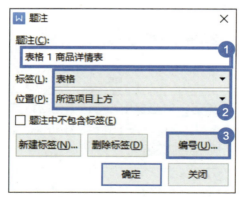

3 在弹出的【题注编号】对话框中,勾选【包含章节编号】复选项,修改使用的分隔符类型,然后单击【确定】按钮返回【题注】对话框,单击【确定】按钮完成设置。

第 8 章 · 文档的目录与题注

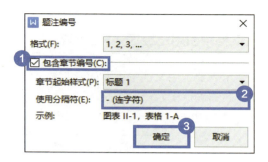

02 如何给文档中的图片/表格制作目录？

在一些长文档的排版中，常常要求为图片/表格制作目录，怎样才能自动生成图片和表格的目录呢？

进行下述操作时请确保图片和表格已添加了题注。

❶ 在【引用】选项卡的功能区中单击【插入表目录】图标。

❷ 在弹出的【图表目录】对话框中，选择需要的题注标签，单击【确定】按钮即可完成目录制作。

03 如何在文档中引用已经插入的图片？

在长文档中常常需要引用文档中已添加的图片，该怎样实现？

进行下述操作时请确保图片已应用题注。

1 在【引用】选项卡的功能区中单击【交叉引用】图标。

2 在弹出的【交叉引用】对话框中设置【引用类型】为【图片】，设置【引用内容】为【完整题注】，在下方列表中选择需引用的图片后，单击【插入】按钮。

04 科技论文必备，如何获取参考文献的正确格式？

论文的文献格式总是写不对，有没有可以复制、粘贴的方法呢？别急，本技巧告诉你。

以图书《和秋叶一起学 Word》为例。

1 打开百度学术网，在搜索框输入"和秋叶一起学 Word"，单击【百度一下】按钮。

2 在弹出的页面中单击【引用】按钮，在弹出的【引用】对话框中选择相应的文献格式，单击右侧的【复制】按钮即可复制，也可以将文献格式导出至主流的文献管理软件中。

和秋叶一起学 秒懂 WPS 文字处理

▶ 第 9 章 ◀
文档的页眉、页脚与页码

在长文档排版中，经常要添加页眉、页脚和页码。设置页眉、页脚的目的是为页面提供样式丰富且准确的导航信息。页眉和页脚设置是制作专业文档不得不学的内容。

扫码回复关键词"WPS 文字"，观看同步视频课程

01 页眉总是出现横线还选不中,如何删除它?

在生成页眉、页脚之后,默认会产生一条横线,如果你不需要这条横线,可以通过下面的 3 种方法删除它。

方法 1:去掉段落边框

1 将鼠标指针移动到页眉处并双击进入页眉、页脚编辑状态,选中页眉中的所有内容。

2 在【开始】选项卡的功能区中单击【边框】图标右侧的下拉按钮,在弹出的菜单中选择【下框线】命令。

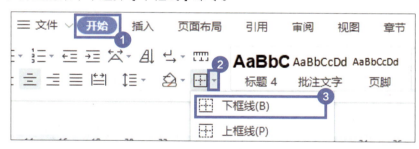

方法 2:清除段落格式

1 将鼠标指针移动到页眉处并双击进入页眉、页脚编辑状态,选中页眉中的所有内容。

2 在【开始】选项卡的功能区中单击【清除格式】图标。

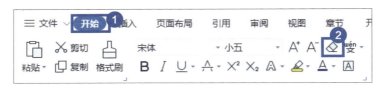

<blockquote>方法 3：应用正文样式</blockquote>

将鼠标指针移动到页眉处并双击进入页眉、页脚编辑状态。使用快捷组合键【Ctrl+Shift+N】应用文档的正文样式，即可清除页眉中的横线。

02 如何让页眉、页脚从第二页开始显示？

在许多文档中，首页代表封面，而封面是不需要页眉和页脚的，我们应该如何让页眉、页脚从第二页开始显示？

1 将鼠标指针移动到页眉处并双击进入页眉、页脚编辑状态。在【页眉页脚】选项卡的功能区中单击【页眉页脚选项】图标。

2 在弹出的对话框中勾选【首页不同】复选项，在第二页输入页眉和页脚的内容，单击【确定】按钮。

第9章 · 文档的页眉、页脚与页码

03 如何设置奇数页和偶数页不同的页眉、页脚？

在图书、报告等文档中，我们常常看到左右两页的页眉和页脚不一样，这样的效果通过一个简单设置就可以实现。

1 将鼠标指针移动到页眉处并双击进入页眉、页脚编辑状态。在【页眉页脚】选项卡的功能区中单击【页眉页脚】图标。

2 在弹出的对话框中勾选【奇偶页不同】复选项，单击【确定】按钮即可。

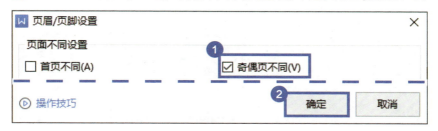

04 如何让文档页眉自动显示所在章节标题？

在章节比较多的文档中，页眉内容常常对应着所在的章节标题，用什么样的方法可以实现在页眉处自动添加章节标题呢？

> **注意**
> 文档中的章节标题一定要应用标题样式，如下操作方可生效。

1 将鼠标指针移动到页眉处并双击进入页眉、页脚编辑状态，在【页眉页脚】选项卡的功能区中单击【域】图标。

2 在弹出的【域】对话框中选择【域名】为【样式引用】,在右侧选择对应的样式名,如【标题 1】,单击【确定】按钮关闭对话框。

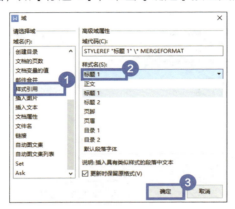

05 如何给文档设置两种不同的页码,如目录用 I、II、III,正文用 1、2、3?

要把一份文档的目录和正文设置成不同的页码格式,目录用罗马数字,正文用阿拉伯数字,可是弄来弄去都只能是同一种格式,怎么才能快速地给一份文档设置不同的页码格式呢?

1 将鼠标光标移动到所需第一种页码的页面末尾处,在【页面布局】选项卡的功能区中单击【分隔符】图标,在弹出的菜单中选择【分页符】命令,将两部分内容划分到不同的页面。

2 定位到目录页第一页的页脚处,单击【插入页码】按钮,在弹出的面板中修改【样式】为【I,II,III...】,【位置】设置为【居中】,【应用范围】设置为【本页及之后】,单击【确定】按钮。

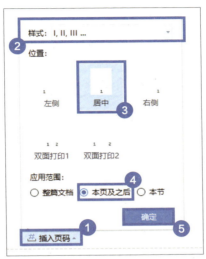

3 切换到第二种页码格式第一页的页脚处,单击【页码设置】按钮,在弹出的面板中修改【样式】为【1,2,3...】,【位置】设置为【居中】,【应用范围】设置为"本页及之后",单击【确定】按钮。

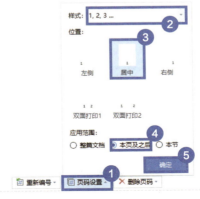

06 制作宣传册时，如何让一页纸上显示连续两个页码？

在分两栏显示的文档中，需要在一个页面中显示两个连续的页码，想要省时省力地完成，下面的操作一定要牢记。

1 将鼠标指针移动到页码处并双击激活页眉、页脚编辑状态。

2 在【页眉页脚】选项卡的功能区中单击【页脚】图标，在弹出的菜单中选择【三栏页脚】命令，插入一个新的三栏页脚。

3 删除中间的"工作内容"文本框，单击选中左侧的"工作项目"文本，按快捷组合键【Ctrl+F9】生成"{}"（后续的"{}"也用此快捷组合键插入），在"{}"内输入"=2*{page}-1"。

4 单击选中右侧的"公司名称"文本,按快捷组合键【Ctrl+F9】生成{},在"{}"内输入"=2*{page}"。

5 按快捷组合键【Alt+F9】即可完成域代码到页码之间的切换,得到同一页中有两个连续页码的效果。

和秋叶一起学
秒懂 WPS 文字处理

第 10 章
文档的视图与审阅

【视图】和【审阅】是 WPS 文字中很多人会忽略的两个选项卡,但它们可以帮助我们解决很多文档中的疑难杂症,比如快速查看不可见的编辑符号并删除、保护文档,防止文档被他人乱改。

扫码回复关键词"WPS 文字",观看同步视频课程

10.1 视图的选择与应用

> 我们平时使用 WPS 文字就是在普通视图下直接开始编辑内容，但其实软件内置了多种文档视图，不同视图下能够实现的功能也大不相同。

01 只想专心写作不被其他功能打扰，怎么设置？

文字创作者尤其网络小说作者在创作的时候一般不会用到软件中的那么多功能，但是会有在网上搜索素材的需求，有什么办法可以进入一种沉浸写作的模式？

其实在 WPS 文字的【视图】选项卡中已经内置了这样一种模式。

❶ 在【视图】选项卡的功能区中单击【写作模式】图标，即可进入特殊的写作模式。

❷ 在写作模式下，功能区中提供了素材推荐、查看历史版本和字数统计等功能。

02 如何在文档左侧窗口中显示标题？

在前面的章节中，我们已经学习了如何生成目录，那么如何让标题在左侧窗口中显示呢？

只需在【视图】选项卡的功能区中单击【导航窗格】图标,在展开的菜单中选择【靠左】命令即可。

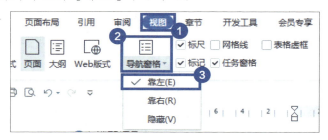

注意

导航窗格中的内容,需要提前在文档中设置好样式。

03 如何设置多页同时显示?

在编辑或审阅 WPS 文档时,我们可能会需要同时查看多页,那么该如何操作呢?

打开文档,在【视图】选项卡的功能区中单击【多页】图标就可以让文档自动适应当前窗口大小,并排显示合适页数的页面。

第 10 章 · 文档的视图与审阅

10.2 文档的审阅与限制编辑

你是否陷入过文档被修改了但不知道哪里被修改了的窘境？想不想更好地保护自己的文档？你是不是见过一份合同只能填写特定的区域，想不想也做出这样的文档呢？本节内容就教你实现！

01 准备修改文档，如何记录修改痕迹？

有时候我们写好的一份文档，需要给他人修改，那我们如何才能让文档自动记录下他人对文档的改动呢？

1 在【审阅】选项卡的功能区中单击【修订】图标，当【修订】图标变成灰色后，代表修订功能已开启。

② 开启修订功能之后,文档会自动记录所有的改动并且在改动的位置做出相应的标记。如果不想被标记干扰,可以将【修订】图标右侧的【显示标记的最终状态】改为【最终状态】即可。

02 文档如何加密,只允许查看但不准修改?

当我们做好一份文档,不想让这份文档再被其他人修改,只能看不能编辑时,该怎么做呢?

① 在【审阅】选项卡的功能区中单击【限制编辑】图标。

② 在右侧弹出的【限制编辑】窗格里,勾选【设置文档的保护方式】复选项,并选择【只读】。

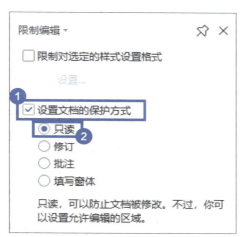

3 单击下方的【启动保护】按钮,并在弹出的【启动保护】对话框中,完成【新密码(可选)】和【确认新密码】的输入,单击【确定】按钮即可对该文档进行加密,防止他人修改内容。

03 文档内容要修改,如何直接在文档中提出建议?

有时我们需要针对文档的某个地方提出一些修改建议,但又不需要直接修改,需要怎么做呢?

1 选中需要提出修改建议的内容,在【审阅】选项卡的功能区中单击【插入批注】图标。

2 在右侧弹出的批注对话框中,输入修改建议。单击右上角的【编辑批注】按钮,可以对批注进行答复、解决和删除等操作。

04　如何快速找到两个版本文档的不同之处?

如果我们没有开启修订模式记录对文档的改动,那么如何才能比对两个版本文档的差异呢?

1 在【审阅】选项卡的功能区中单击【比较】图标,在弹出的菜单中选择【比较】命令。

第 10 章 · 文档的视图与审阅

2 在弹出的【比较文档】对话框中打开需要比较的两个文档文件,单击【更多】按钮可以看到更详细的比较选项,单击【确定】按钮后软件会自动完成文档比较。

3 在弹出的新页面中可以看到比较的结果。新文档的页面分为 3 个部分:最左侧是比较结果文档,最右侧上下方分别是原文档和修订的文档。

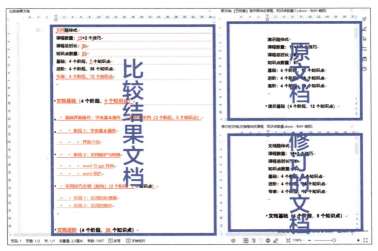

121

05 标准合同制作，如何设置在指定区域输入内容？

很多时候需要对文档内容或排版效果进行保护，只允许其他人编辑其中指定的区域，而其他地方无法编辑，这样的文档局部保护如何实现呢？

1 在文档中选中可编辑的文本，在【审阅】选项卡的功能区中单击【限制编辑】图标。

2 在右侧弹出的【限制编辑】窗格中，勾选【设置文档的保护方式】复选项，选择【只读】。在【组】中勾选【每个人】复选项。

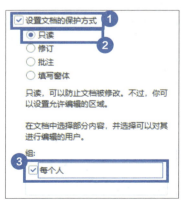

3 单击下方的【启动保护】按钮，并在弹出的【启动保护】对话框中，完成【新密码（可选）】和【确认新密码】的输入，单击【确定】按钮即可对该文档进行加密，防止他人修改内容。

4 此时可以看到，之前选中的可编辑文本底部出现淡黄色底纹并被"[]"括起来，只有该区域可以编辑，而剩下的区域则为受保护的区域，无法编辑。

5 若在【限制编辑】窗格中取消勾选【突出显示可编辑的区域】复选项，则可取消可编辑区域文本的底纹。

和秋叶一起学

秒懂 WPS 文字处理

第 11 章
文档的打印输出

职场办公中经常需要将电子版的文档打印成纸质文档,很多人只会单纯地将文档以默认的设置打印出来,不懂得调整打印参数,一遇到特殊的打印需求就发蒙,本章将带你认识修改打印设置,实现各种要求的文档打印。

扫码回复关键词"WPS 文字",观看同步视频课程

01 不想浪费纸张，如何把文档设置为正反面打印？

一些特殊的文件，如合同、申请书等需要使用正反面打印，如何在 WPS 文字中实现这种效果呢？

1 打开文档后，按快捷组合键【Ctrl+P】打开【打印】对话框。

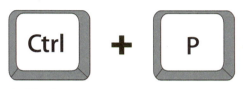

2 勾选【双面打印】复选项，在下方的选框中可以选择【长边翻页】【短边翻页】【手动翻页】。

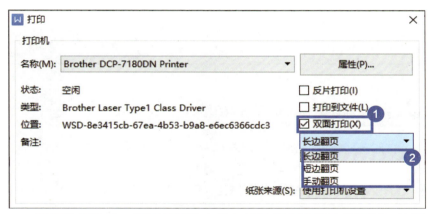

需要注意的是，双面打印的自动与手动受打印机功能限制，使用前请先确认打印机是否支持。

02 如何把多页文档缩放打印到一张 A4 纸上？

有时为了节省纸张，需要把多页文档打印到一张 A4 纸上，例如，在打印复习资料的时候将 4 页内容缩放打印到一张纸上，如何在 WPS

文字中实现这种效果呢？

1 打开文档后，按快捷组合键【Ctrl+P】进入【打印】对话框。

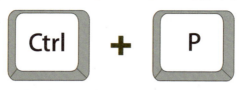

2 在【并打和缩放】组中，设置【每页的版数】为【4版】，【按纸型缩放】修改为"A4"，单击【确定】按钮即可开始打印。

03 如何让文档多页逐份打印？

打印一些特殊的文档，如想让第 1 页先打印 5 份，再依次将后续每一页都打印 5 份，如何达到这种效果？

1 打开文档后，按快捷组合键【Ctrl+P】进入【打印】对话框。

2 在【副本】组设置好打印【份数】为【5】后，取消勾选【逐份打印】复选项，然后单击【确定】按钮。

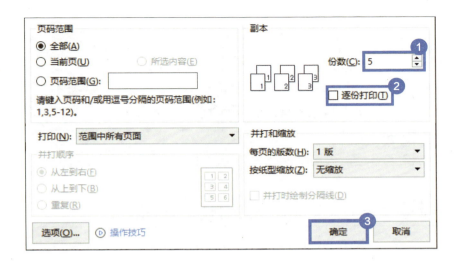

04 明明设置了文档背景,但打印的时候却消失了,怎么办?

有时文档添加了背景图片,打印后却发现添加的背景图片并没有打印出来,如何做到把背景图片一起打印出来呢?

1 打开文档后,按快捷组合键【Ctrl+P】进入【打印】对话框。

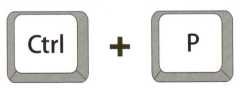

2 单击对话框左下角的【选项】按钮,打开【选项】对话框。

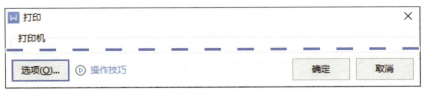

3 在【选项】对话框中,勾选【打印背景色和图像】复选项,单击【确定】按钮。

05 如何保证发给别人的文档排版效果不变？

你有没有遇到过这种情况？自己原本排版得很精美的文档，一旦发给别人，不是字体效果不对，就是版式错位！其实想要让文档版式不变，可以将文档转换为 PDF 文件。

方法 1：将文件打印成 PDF 文件

◼ 按快捷组合键【Ctrl+P】进入【打印】对话框。

◼ 在【打印机】组选择打印机为【导出为 WPS PDF】，然后单击【确定】按钮。

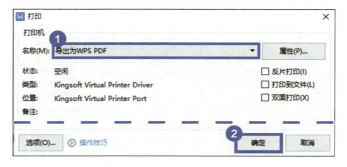

方法 2：将文件导出为 PDF 文件

1 选择【文件】-【输出为 PDF】命令。

2 在弹出的【输出为 PDF】对话框中，设置好输出范围等参数之后，单击【开始输出】按钮。

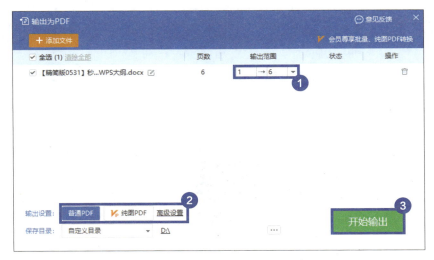

和秋叶一起学
秒懂 WPS 文字处理

第 12 章
WPS 文字高效办公技巧

利用 WPS 文字不仅可以完成各种文档的排版,我们还可以借助它自身的功能来批量化完成之前需要花费很多时间手工完成的工作。另外,WPS 文字作为 WPS Office 办公套件中的一员,当它和其他软件互相配合起来,将会化身为生产力工具。学好本章,高效工作早下班指日可待!

扫码回复关键词"WPS 文字",观看同步视频课程

12.1　WPS 文字的批量操作

本节着重介绍利用 WPS 文字的查找替换功能实现批量清除内容、调整格式及借助 WPS 文字特性完成批量合并提取的功能。

01　不用复制、粘贴，如何批量合并多个文档？

我们在制作大型文档的时候，往往需要进行分工合作，但在最后合并多个文档的时候，如何才能不用复制、粘贴快速合并文档呢？

1 在【插入】选项卡的功能区中单击【对象】右侧的下拉按钮，在弹出的菜单中选择【文件中的文字】命令。

2 在弹出的【插入文件】窗口中找到并按住【Ctrl】键选择所有需要合并的文档，单击右下角的【打开】按钮。

02 如何批量去除文档中多余的空白和空行？

从网页或 PDF 中复制文字时，经常会出现一些莫名其妙的空白和空行，如果一个个地删除，太浪费时间了，那么如何批量去除这些空白和空行呢？

1. 清除空格

❶ 在【开始】选项卡的功能区中单击【查找替换】图标的下拉按钮，在菜单中选择【替换】命令，或者直接使用快捷组合键【Ctrl+H】，打开【查找和替换】对话框。

❷ 在【查找内容】输入框中，按【Space（空格）】键输入一个空格，【替换为】输入框中不输入任何内容，单击【全部替换】按钮。

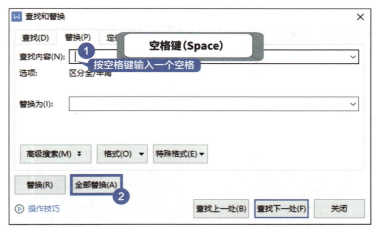

2. 清除空行

1 在【开始】选项卡的功能区中单击【查找替换】图标的下拉按钮，在菜单中选择【替换】命令，或者直接使用快捷组合键【Ctrl+H】，打开【查找和替换】对话框。

2 将光标放在【查找内容】输入框中，单击【特殊格式】按钮，选择【段落标记】选项，再重复一次上述操作，输入"^p^p"，以相同的方法，在【替换为】输入框中输入"^p"，多次单击【全部替换】按钮，直到提示替换 0 处。

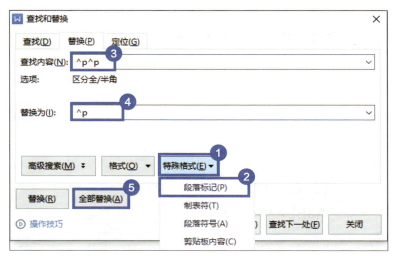

3. WPS 文字专属方法——文字排版

在【开始】选项卡的功能区中单击【文字排版】图标，在弹出的菜单中选择【删除】命令，在子菜单中选择相应的删除项目。

03 如何给文档中的手机号打码？

为了避免信息泄露，需要对大批量的手机号进行打码处理，将中间 4 位数变为"*"号，如何批量完成？

❶ 在【开始】选项卡的功能区中单击【查找替换】图标的下拉按钮，在菜单中选择【替换】命令，或直接使用快捷组合键【Ctrl+H】，打开【查找和替换】对话框。

② 在【查找内容】输入框中输入"([0-9]{3}([0-9]{4}([0-9]{4})"，在【替换为】输入框中输入"\1****\3"。

其中"( )"代表将查找内容分组，"[0-9]"代表查找数字，"{数字}"代表搜索的数字的字符数，"\1""\3"分别代表在替换为的结果中引用查找内容中的第 1 组内容和第 3 组内容。

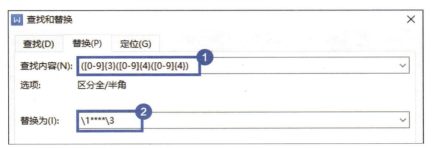

③ 单击【高级搜索】按钮展开隐藏界面，勾选【使用通配符】复选项，单击【全部替换】按钮。

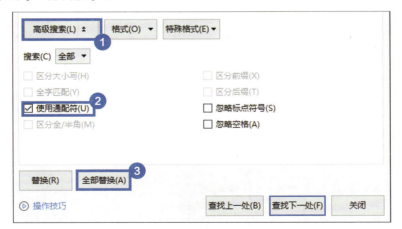

04 如何批量制作填空题下划线？

做试卷的时候如何快速将答案转变为填空题的下划线呢？一直使用空格加下划线可太麻烦了，其实直接利用替换功能就可以批量实现。

注意

开始操作前,先确保已将正确答案的文字颜色修改为红色。

❶ 在【开始】选项卡的功能区中单击【查找替换】图标的下拉按钮,在菜单中选择【替换】命令,或者直接使用快捷组合键【Ctrl+H】,打开【查找和替换】对话框。

❷ 将光标定位在【查找内容】输入框中,单击【格式】按钮,选择【字体】选项。

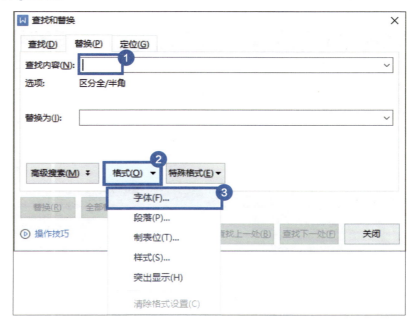

第 12 章 · WPS 文字高效办公技巧

3 在弹出的对话框中，将【字体颜色】设置为【红色】，单击【确定】按钮完成格式设置。

4 将光标定位在【替换为】输入框中，单击【格式】按钮，选择【字体】选项。

137

5 将【字体颜色】设置为和纸张颜色相同的颜色,【下划线线型】设置为【单划线】,【下划线颜色】设置为【黑色】,单击【确定】按钮完成格式设置。

6 单击【全部替换】按钮,即可批量完成填空题下划线的制作。

05 如何批量对齐选择题中的选项?

制作试卷的时候离不开选择题选项对齐的问题,如果你还在一个个按空格键进行对齐,一定会觉得非常麻烦吧。其实有一个很简单的方法,可以实现批量对齐选择题中的选项。

1. 批量给选项行添加制表位

1 按【Ctrl+H】快捷组合键,打开【查找和替换】对话框,在【查找内容】输入框中输入"A."。将光标定位到【替换为】输入框中,单击【格式】按钮,选择【制表位】选项。

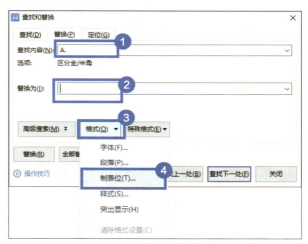

2 弹出【替换制表位】对话框,在【制表位位置】输入框中输入"10",【对齐方式】选择【左对齐】,单击【设置】按钮,即可在 10 字符处添加一个默认的制表位。

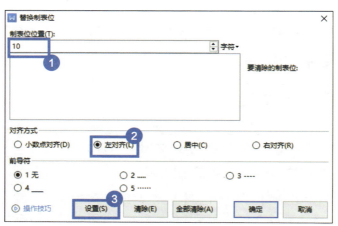

3 重复步骤2，依次在 20 字符、30 字符处设置制表位，然后单击【确定】按钮完成制表位设置。

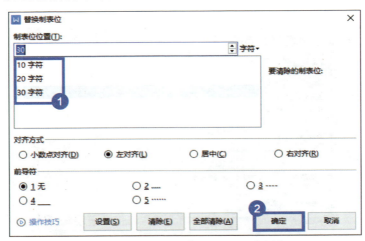

4 在【查找和替换】对话框中单击【全部替换】按钮。

此时文档中的所有选项行均被添加上制表位。

2. 批量在 B～D 选项前添加制表符

1 在【查找和替换】对话框中将【查找内容】输入框内容改为"[B-D]."（[B-D] 代表查找 B 到 D 范围内的所有字母），并在【替换为】输入框中输入"^t^&"("^t"代表制表符,"^&"代表查找内容)。

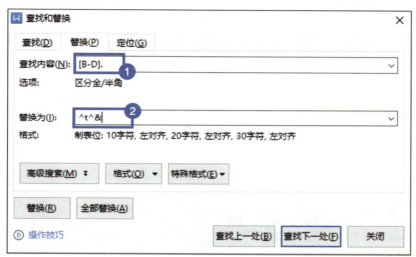

②单击【高级搜索】按钮,勾选【使用通配符】复选项,最后单击【全部替换】按钮。

06 如何把文档中的图片批量提取出来?

工作中时常会用到文档中的图片,如果一个个复制图片,像素低又麻烦,有没有什么办法可以将文档中的所有图片批量提取出来呢?

1 打开 WPS 文档,按【F12】键打开【另存为】对话框。将【文件类型】更改为【网页文件(*.html;*.htm)】类型,单击【保存】按钮。

2 在另存为文件的文件夹中可以看到一个和原文件同名的 *.files 文件夹,双击打开就能看到文档中所有使用的图片了。

12.2 WPS Office 软件间的协作

> WPS Office 办公软件三剑客各司其职,每一个软件单独拿出来都能在办公领域呼风唤雨。其中,WPS 文字专门负责处理文档排版,WPS 表格专门负责处理表格数据,WPS 演示专门负责幻灯片的制作与演示。但是当它们两两搭配来使用的时候,还能爆发出更强的战斗力,本节我们就来好好学习一下它们之间的协作!

01 如何把文档转换成幻灯片?

做幻灯片的时候是不是总需要将文档中的文字一点一点粘贴到幻灯片中再调整格式和排版?其实有高效的方法,可以将文档转换为幻灯片。

WPS 文字转 WPS 演示的对应关系如下。

WPS 文字的内容	WPS 演示的内容
文档文件名	幻灯片的主题页
标题 1 样式内容	章节页标题与内容页标题
标题 2 内容	内容页的正文小标题
标题 3 及更低层级样式内容	内容页的正文内容

① 在 WPS 文字中为各大标题和段落应用好样式。

2️⃣ 选择【文件】-【输出为PPTX】命令，选择好保存的位置后，单击【开始转换】按钮，软件就会自动进行转换。

3️⃣ 完成转换之后，软件会自动打开幻灯片文件。上述文档的转换效果如下。

02 如何让 WPS 文字和 WPS 表格中的数据保持同步更新？

我们在做好一份 WPS 表格，粘贴到 WPS 文字文档后，一旦 WPS 表格里的数据发生改变，往往需要重新复制再粘贴，有没有办法能让 WPS 表格里的数据改变后，WPS 文字中的表格数据也能同步更新呢？

第 12 章 · WPS 文字高效办公技巧

1 选择 WPS 表格中需要复制的区域，按快捷组合键【Ctrl + C】进行复制。

2 将光标定位在 WPS 文字文档中的目标位置，在【开始】选项卡的功能区中单击【粘贴】图标，选择【选择性粘贴】命令。

3 在弹出的对话框中选中【粘贴链接】单选项，在右侧选择【WPS 表格 对象】，然后单击【确定】按钮。

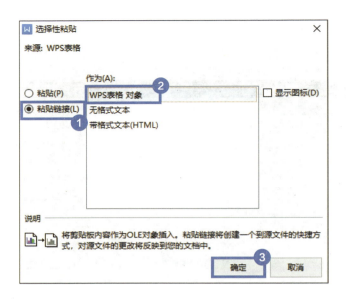

03　如何用 WPS Office 实现活动邀请函批量制作？

公司要开年会，需要给大量合作伙伴制作活动邀请函，利用一份邀请函模板和一份 WPS 表格名单，该如何批量完成邀请函制作呢？

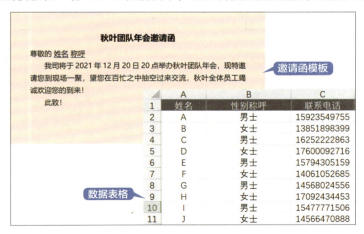

1 在 WPS 文字中打开邀请函模板，在【引用】选项卡的功能区中单击【邮件】图标。

此时软件会自动跳转到【邮件合并】选项卡。

2 在【邮件合并】选项卡的功能区中单击【打开数据源】图标，选择【打开数据源】命令，在弹出的对话框中选中准备好的 WPS 表格名单，单击【打开】按钮。

> **注意**
>
> WPS 文字中的邮件合并对 XLSX 格式的数据源支持不佳，推荐使用 ET 格式的数据源。

3 选中模板中的"姓名"，然后单击【插入合并域】图标，在弹出的【插入域】对话框中选中【姓名】选项并单击【插入】按钮，此时"姓名"就会变为"《姓名》"。

4 重复步骤 **3** 的操作，将"称呼"替换为"《性别称呼》"。

5 单击【查看合并数据】图标，可以对邮件合并的结果进行预览，预览无误之后，单击【合并到新文档】图标。在弹出的对话框中，选中【全部】单选项，单击【确定】按钮，软件即会自动进行邀请函的制作并生成一份新文档。

除了可以选择【合并到新文档】之外，还可以选择将最终的结果拆分到单独文件的【合并到不同新文档】，可以直接进行打印的【合并到打印机】，以及调用邮件软件群发邮件的【合并到电子邮件】。

第 12 章 · WPS 文字高效办公技巧

04 如何用 WPS 批量制作员工工资条？

每个月的工资表都要打印成工资条分发下去，如果一份一份地复制、粘贴，太浪费时间了，能批量地完成吗？下面来看看操作步骤。

1 首先准备好工资条模板和工资数据表。

2 打开工资条模板，在【邮件合并】选项卡的功能区中单击【打开数据源】图标，选择【打开数据源】命令，在弹出的对话框中选中准备好的工资数据表，单击【打开】按钮。

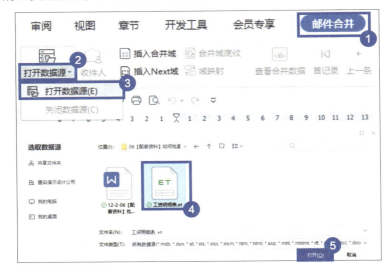

3 将光标定位到工资条表格对应的单元格中,在【邮件合并】选项卡的功能区中单击【插入合并域】图标,在弹出的菜单中选择相应命令,完成"工号""姓名""基础工资""效益工资"等信息的合并域插入。

完成效果如下。

工号	姓名	基础工资	效益工资	职务工资	扣假/欠班	应发工资
«工号»	«姓名»	«基础工资»	«效益工资»	«职务工资»	«扣假/欠班»	«应发工资»

4 在【邮件合并】选项卡的功能区中单击【插入 Next 域】图标插入"《Next Record》"规则。

5 选中工资条表格和"《Next Record》"规则,复制、粘贴到页面底端,然后删除最后一个"《Next Record》"。

第 12 章 · WPS 文字高效办公技巧

6 在【邮件合并】选项卡的功能区中单击【合并到新文档】图标，在弹出的对话框中选中【全部】单选项，单击【确定】按钮，即可批量完成工资条的制作。

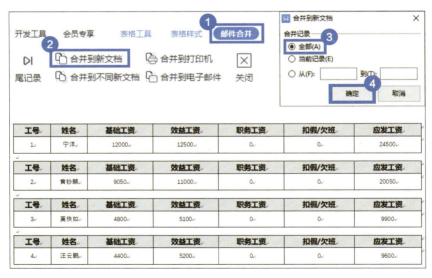